电视机安装与维修实训

（第二版）

总主编　聂广林

主　编　戴天柱

副主编　林安全　李　强

编　者（以姓氏笔画为序）

　　　　李小琼　李　强　林安全

　　　　戴天柱　戴赛楠

重庆大学出版社

内容提要

　　本书共分三个模块,内容包括走进音像实验室、黑白电视机稳压电源安装与调试、黑白电视机扫描系统的安装与调试、黑白电视机信号系统安装与调试、彩色电视机开关稳压电源常见故障维修、彩色电视机扫描电路常见故障维修、彩色电视机其他故障维修、液晶电视使用与维护、等离子电视使用与维护共9个项目。各项目中按任务的不同,有电路认识、电路安装与调试、故障认识、故障验证、维修实训、完成任务情况考查等多项内容。

　　本书可作为中等职业学校电类专业的实训教材,也可作为电视机专业维修人员的岗位培训教材。

图书在版编目(CIP)数据

电视机安装与维修实训／戴天柱主编. --2版. --
重庆：重庆大学出版社,2019.7
中等职业教育电类专业系列教材
ISBN 978-7-5624-5396-3

Ⅰ.①电…　Ⅱ.①戴…　Ⅲ.①电视—安装—中等专业
学校—教材②电视—维修—中等专业学校—教材　Ⅳ.
①TN949.7

中国版本图书馆 CIP 数据核字(2019)第 148593 号

中等职业教育电类专业系列教材
电视机安装与维修实训
(第2版)
总主编　聂广林
主　编　戴天柱
副主编　林安全　李　强
策划编辑:曾显跃
责任编辑:李定群　高鸿宽　　版式设计:曾显跃
责任校对:邹　忌　　　　　　责任印制:张　策

*

重庆大学出版社出版发行
出版人:饶帮华
社址:重庆市沙坪坝区大学城西路 21 号
邮编:401331
电话:(023) 88617190　88617185(中小学)
传真:(023) 88617186　88617166
网址:http://www. cqup. com. cn
邮箱:fxk@ cqup. com. cn(营销中心)
全国新华书店经销
POD:重庆书源排校有限公司

*

开本:787mm×1092mm　1/16　印张:12.25　字数:306 千　插页:8 开2 页
2019 年7 月第2 版　　2019 年7 月第4 次印刷
ISBN 978-7-5624-5396-3　定价:36.00 元

序　言

随着国家对中等职业教育的高度重视，社会各界对职业教育的高度关注和认可，近年来，我国中等职业教育进入了历史上最快、最好的发展时期，具体表现为：一是办学规模迅速扩大（标志性的）。2008 年全国招生 800 余万人，在校生规模达 2 000 余万人，占高中阶段教育的比例约为 50%，普、职比例基本平衡。二是中职教育的战略地位得到确立。教育部明确提出两点："大力发展职业教育作为教育工作的战略重点，大力发展职业教育作为教育事业的突破口"。这是对职教战线同志们的极大的鼓舞和鞭策。三是中职教育的办学指导思想得到确立。"以就业为导向，以全面素质为基础，以职业能力为本位"的办学指导思想已在职教界形成共识。四是助学体系已初步建立。国家投入巨资支持职教事业的发展，这是前所未有的，为中职教育的快速发展注入了强大的活力，使全国中等职业教育事业欣欣向荣、蒸蒸日上。

在这样的大好形势下，中职教育教学改革也在不断深化，在教育部 2002 年制定的《中等职业学校专业目录》和 83 个重点建设专业以及与之配套出版的 1 000 多种国家规划教材的基础上，新一轮课程教材及教学改革的序幕已拉开。2008 年已对《中等职业学校专业目录》、文化基础课和主要大专业的专业基础课教学大纲进行了修订，且在全国各地征求意见（还未正式颁发），其他各项工作也正在有序推进。另一方面，在继承我国千千万万的职教人通过近 30 年的努力已初步形成的有中国特色的中职教育体系的前提下，虚心学习发达国家发展中职教育的经验已在职教界逐渐开展，德国的"双元"制和"行动导向"理论以及澳大利亚的"行业标准"理论已逐步渗透到我国中职教育的课程体系之中。在这样的大背景下,我们组织重庆市及周边省市部分长期从事中职教育教材研究及开发的专家、教学第一线中具有丰富教学及教材编写经验的教学骨干、学科带头人组成开发小组,编写这套既符合西部地区中职教育实际,又符合教育部新一轮中职教育课程教学改革精神;既坚持有中国特色的中职教育体系的优势,又与时俱进,极具鲜明时代特征的中等职业教育电类专业系列教材。

该套系列教材是我们从 2002 年开始陆续在重庆大学出版社出版的几本教材的基础上,采取"重编、改编、保留、新编"的八字原则,按照"基础平台 + 专门化方向"的要求,重新组织开发的,即

①对基础平台课程《电工基础》《电子技术基础》,由于使用时间较久,时代特征不够鲜明,加之内容偏深偏难,学生学习有困难,因此,对这两本教材进行重新编写。

②对《音响技术与设备》进行改编。

③对《电工技能与实训》《电子技能与实训》《电视机原理与电视分析》这三本教材,由于是近期才出版或新编的,具有较鲜明的职教特点和时代特色,因此对该三本教材进行保留。

④新编 14 本专门化方向的教材(见附表)。

对以上 20 本系列教材,各校可按照"基础平台 + 专门化方向"的要求,选取其中一个或几个专门化方向来构建本校的专业课程体系;也可根据本校的师资、设备和学生情况,在这 20 本教材中,采取搭积木的方式,任意选取几门课程来构建本校的专业课程体系。

本系列教材具备如下特点:

①编写过程中坚持"浅、用、新"的原则,充分考虑西部地区中职学生的实际和接受能力;充分考虑本专业理论性强、学习难度大、知识更新速度快的特点;充分考虑西部地区中职学校的办学条件,特别是实习设备较差的特点;一切从实际出发,考虑学习时间的有限性、学习能力的有限性、教学条件的有限性,使开发的新教材具有实用性,为学生终身学习打好基础。

②坚持"以就业为导向,以全面素质为基础,以职业能力为本位"的中职教育指导思想,克服顾此失彼的思想倾向,培养中职学生科学合理的能力结构,即"良好的职业道德、一定的职业技能、必要的文化基础",为学生的终身就业和较强的转岗能力打好基础。

③坚持"继承与创新"的原则。我国中职教育课程以传统的"学科体系"课程为主,它的优点是循序渐进、系统性强、逻辑严谨,强调理论指导实践,符合学生的认识规律;缺点是与生产、生活实际联系不太紧密,学生学习比较枯燥,影响学习积极性。而德国的中职教育课程以行动体系课程为主,它的优点是紧密联系生产生活实际,以职业岗位需求为导向,学以致用,强调在行业行动中补充、总结出必要的理论;缺点是脱离学科自身知识内在的组织性,知识离散,缺乏系统性。我们认为:根据我国的国情,不能把"学科体系"和"行动体系"课程对立起来、相互排斥,而是一种各具特色、相互

补充的关系。所谓继承,是根据专业及课程特点,对逻辑性、理论性强的课程,采用传统的"学科体系"模式编写,并且采用经过近30年实践认为是比较成功的"双轨制"方式;所谓创新,是对理论性要求不高而应用性和操作性强的专门化课程,采用行为导向、任务驱动的"行动体系"模式编写,并且采用"单轨制"方式。即采取"学科体系"与"行动体系"相结合,"双轨制"与"单轨制"并存的方式。我们认为这是一种务实的与时俱进的态度,也符合我国中职教育的实际。

④在内容的选取方面下了功夫,把岗位需要而中职学生又能学懂的重要内容选进教材,把理论偏深而职业岗位上没有用处(或用处不大)的内容删出,在一定程度上打破了学科结构和知识系统性的束缚。

⑤在内容呈现上,尽量用图形(漫画、情景图、实物图、原理图)和表格进行展现,配以简洁明了的文字注释,做到图文并茂、脉络清晰、语句流畅,增强教材的趣味性和启发性,使学生愿读、易懂。

⑥每一个知识点,充分挖掘了它的应用领域,做到理论联系实际,激发学生的学习兴趣和求知欲。

⑦教材内容做到了最大限度地与国家职业技能鉴定的要求相衔接。

⑧考虑教材使用的弹性。本套教材采用模块结构,由基础模块和选学模块构成,基础模块是各专门化方向必修的基础性教学内容和应达到的基本要求,选学模块是适应专门化方向学习需要和满足学生进修发展及继续学习的选修内容,在教材中打"※"的内容为选学模块。

该系列教材的开发是在国家新一轮课程改革的大框架下进行的,在较大范围内征求了同行们的意见,力争编写出一套适应发展的好教材,但毕竟我们能力有限,欢迎同行们在使用中提出宝贵意见。

总主编　聂广林
2010 年 6 月

附表：

中职电类专业系列教材

	方　向	课程名称	主　编	模　式
基础平台课程	公　用	电工技术基础与技能	聂广林　赵争台	学科体系、双轨
		电子技术基础与技能	赵争台	学科体系、双轨
		电工技能与实训	聂广林	学科体系、双轨
		电子技能与实训	聂广林	学科体系、双轨
		应用数学		
专门化方向课程	音视频专门化方向	音响技术与设备	聂广林	行动体系、单轨
		电视机原理与电路分析	赵争台	学科体系、双轨
		电视机安装与维修实训	戴天柱	学科体系、双轨
		单片机原理及应用		行动体系、单轨
	日用电器方向	电动电热器具(含单相电动机)	毛国勇	行动体系、单轨
		制冷技术基础与技能	辜小兵	行动体系、单轨
		单片机原理及应用		行动体系、单轨
	电气自动化方向	可编程控制原理与应用	刘　兵	行动体系、单轨
		传感器技术及应用	卜静秀　高锡林	行动体系、单轨
		电动机控制与变频技术	周　彬	行动体系、单轨
	楼宇智能化方向	可编程逻辑控制器及应用	刘　兵	行动体系、单轨
		电梯运行与控制		行动体系、单轨
		监控系统		行动体系、单轨
	电子产品生产方向	电子CAD	彭贞蓉　李宏伟	行动体系、单轨
		电子产品装配与检验		行动体系、单轨
		电子产品市场营销		行动体系、单轨
		机械常识与钳工技能	胡　胜	行动体系、单轨

电视机是家庭中最重要的消费类电子产品之一，其普及率和市场需求量均很庞大，这就需要培养一大批熟悉电视机知识的专业人员，包括从事电视机的生产、销售、售后服务等方面的人才。

本书是在国家新一轮课程改革的大框架下，经过市场需求调研，在较大范围内征求了同行的意见，采用行动体系进行编写的。

本书根据中等职业教育电子类专业的特点以及电视机课程在电子类专业中的地位和作用，以安装、调试和维修电视机实训为手段，达到提高中职学生动手能力的目的。本书分"黑白电视机安装与调试""彩色电视机常见故障检修实训"和"平板电视机使用与维护"三大模块，内容紧扣《电视机原理与电路分析》理论教材。教材以实际操作为主，只有少量与实际操作有关的理论分析，安排了大量实训内容，每个任务完成后对学生都有一个"完成任务情况考察"，因此可操作性强。

根据中等职业教育学校电子类的教学要求，本课程教学共需 82 个课时左右，课时分配可参考下表：

课时安排建议

模块	项 目	内 容	教学课时	机 动
模块1	项目一	走进音像实验室	4	
	项目二	黑白电视机稳压电源安装与调试	6	
	项目三	黑白电视机扫描系统的安装与调试	20	
	项目四	黑白电视机信号系统安装与调试	12	
模块2	项目五	彩色电视机开关稳压电源常见故障维修	12	4
	项目六	彩色电视机扫描电路常见故障维修	8	2
	项目七	彩色电视机其他故障维修	8	8
模块3	项目八	液晶电视使用与维护	6	
	项目九	等离子电视使用与维护	6	
合 计			82	14

　　本书由重庆市北碚职教中心戴天柱担任主编并负责全书统稿。重庆市北碚职教中心林安全担任副主编。其中模块一和模块二由戴天柱编写，模块三由林安全负责编写，全书的图片均由戴赛楠绘制和编辑。参与编写的还有北碚职教中心的李小琼。在本书的编写过程中，重庆市渝北职教中心的赵争召和毛国勇两位老师给予了大力的支持，在此一并表示感谢！同时还要感谢重庆市北碚职教中心的领导对本书的编写所给予的大力支持。

　　由于编者水平有限，书中缺点和错误在所难免，恳请广大读者批评指正。

编　者
2019 年 5 月

模块 1

黑白电视机安装与调试

项目一　　走进音像实验室

[知识目标]
- 知道进入实验室的安全常识。
- 知道电视机维修的常用方法。

[技能目标]
- 认识音像实验室中的常用工具和仪器仪表。
- 学会使用吸锡烙铁和热风枪。

"中国今日进行一次陆基中段反导拦截技术试验","海地今天发生7.3级地震"。这些消息每天总能及时地从电视机中播出。随着电视技术的发展,使人类的生活变得多姿多彩,让我们每天都在无限的乐趣中生活,电视机也成了不可缺少的家用电器设备。你想知道电视机是怎样将这些信息传递出来的吗? 现在我们就带你走进音像实验室,逐步揭开电视技术的神秘面纱。

任务一　　熟悉音像实验室设备

音像实验室是学习和实践音像技术的场所,也就是安装调试和维修电视机的实训基地。现在就去看看里面都有哪些设备。

一、工作任务

(1)熟悉音像实验室。

(2)认识常用工具和仪器仪表。

二、知识准备

(1)实验的设备都是交流220 V供电,进入后要注意用电安全。

(2)实验室的设备多数价格很贵,也比较娇气,观察和使用都必须在老师的指导下进行。

三、任务完成过程

(一)参观实验室

1.实验室概貌(见图1-1)

今后大多数的音像实训都将在这里完成。

图 1-1　音像实验室

2. 工位平台（见图 1-2）

黑白显像管　　　控制面板　　　彩色显像管

图 1-2　工位平台

（二）认识常用工具和仪器仪表

维修中常用的工具和仪器仪表见表 1-1。

表 1-1

名　称	实物外形	说　明
常用电工工具		这些工具已经很熟悉了，它们的用途和用法与电工电子技术中一样
热风枪		1. 用于贴片元件的焊接 2. 用于集中拆焊
万用表		用于电阻、电压、电流的测量

续表

名　　称	实物外形	说　　明
毫伏表		测量交流电压,主要特点是能测量毫伏数量级的小信号。维修中,特别适合于交流电压法
示波器		用于波形测量,在电视维修中特别适用于行场扫描电路的测量
彩色电视信号发生器		能发出多种电视信号测试图,在电视机安装调试和维修中都有所用

任务评价

表 1-2　　　　　　　　　　　　　　　　总分:

问题回答(70 分)		其他素质(30 分)	
走进音像实验室你有什么感觉(要求 300 字以上)　　(40 分)		团队意识(10 分)	
答:		安全文明(10 分)	
表 1-1 中仪器仪表哪些是以前用过的,哪些是没用过的　(30 分)		实训纪律(10 分)	
答:		—	—

任务二　调试和维修电视机的基本方法

在电视机调试和维修中,首先要知道基本方法,同时还要学会专用工具、专用仪器仪表的使用。前面认识的几种仪器仪表中,只有彩色电视信号发生器是新认识的,而这种信号发生器的使用是非常简单的,因此,本任务没有安排实训。

一、工作任务

(1)熟悉调试与维修中的基本方法。

(2)吸锡烙铁分点拆焊训练。

(3)热风枪集中拆焊训练。

二、任务完成过程

(一)调试和维修中的基本方法

表1-3 中只列出了最基本的检修方法,实际检修中还有很多方法。例如,检查虚焊故障时常用敲击法;检查热稳定性不良故障时可用加热法和散热法,等等。这些方法需要自己不断去探索总结,综合运用,操作技能才会有所提高。

表1-3

方法名称	操作方法	说　明
直观法	这是用人的视觉、触觉、嗅觉、听觉来检查故障的方法: 看:有无明显烧坏的元件和虚焊等 摸:触摸元件的温升是否正常,还可以摸出元件是否有松动等 嗅:可以利用的人的嗅觉判断是否有元件被烧焦 听:主要用于判断伴音部分扬声器发出的声音是否正常,有时在行扫描电路中能听到行振荡尖叫声,有经验者可从这种叫声来初步判断行扫描电路是否正常	这种方法需要积累经验,如触摸元件的温度是否正常,就要靠主观感觉来判断。有经验的人,往往可以收到事半功倍的效果
电阻法	用万用表电阻挡测试元件以判断其好坏,测量在路电阻判断电路是否正常	电阻法测量元件是我们熟悉的,也很准确。在路电阻的测量往往不是很准确,但这种方法判断电路的通断或是否有短路还是可靠的

续表

方法名称	操作方法	说　明
直流电压法	用万用表的直流电压挡测量电路的在路直流电压,并将测量数据与正常值比较,通过分析查找故障部位	这几种方法都是通过测量相关电路的数据来判断故障部位的,这就要求我们平时要多收集资料,熟悉电路原理,只有这样才能迅速判断故障部位
交流电压法	利用万用表或交流毫伏表测量交流信号通路的交流电压来判断交流信号是否正常,再通过分析判断故障部位	
直流电流法	用万用表的直流电流挡测相关电路直流电流,并将测量数据与正常值比较,通过分析判断故障的部位	
波形测量法	利用示波器测量相关点的波形,并与正常波形比较,然后加以分析判断故障部位	
代替法	有的元件不能用万用表测试其好坏(如小容量电容器),这时可用一个质量可靠的同规格的元件代替,如果故障消失,则表明原来的元件是坏的	这种方法对无法用万用表判断的元件很有效。不过使用时要注意两点: 1. 用来代替的元件必须可靠 2. 代替元件的耐压、允许电流、额定功率等不应小于被代替元件
脱开法	维修中,有时可以将某些元件暂时从电路中脱开,然后通过测量、分析判断故障部位	这种方法在使用时一定要吃透原理,分析脱开的元件或电路能否可以脱开,因为有的元件脱开后将烧坏其他元件

(二)吸锡烙铁分点拆焊训练

1. 认识吸锡烙铁

图 1-3 是吸锡烙铁的外形图,与普通烙铁不同的是有个吸气筒,此外用空心的吸锡嘴取代了普通烙铁的烙铁头。

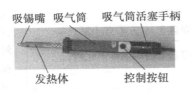

图 1-3　吸锡烙铁

2. 吸锡烙铁的使用方法

表 1-4

步　骤	操　作	说　明
第 1 步	通电预热直到能熔化焊锡	1. 使用中要经常保持吸气筒气路畅通
第 2 步	压下吸气筒活塞手柄	2. 拆焊时如果一次没吸干净可重复使用
第 3 步	将吸锡嘴套在被拆元件焊盘上使焊锡熔化 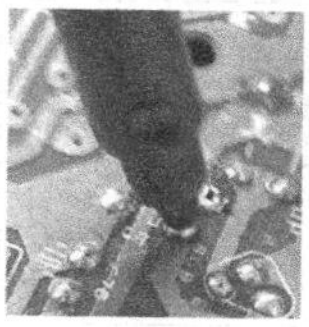	3. 在使用过程中要随时将吸入的焊锡打出来
第 4 步	按下控制按钮,吸气筒活塞弹起,将焊盘上熔化了的焊锡吸入	

3. 拆焊训练

每个同学做 10 个以上元件。

电源开关

风量控制　温度控制

图 1-4　热风枪控制面板

（三）热风枪集中拆焊训练

对于多脚元件和贴片元件,用吸锡烙铁拆卸是不方便的,这时热风枪就派上了用场。

1. 热风枪控制面板

图 1-4 是 850B 热风枪的控制面板。使用时风量调到适当,温度视焊点（或焊件）大小而定,一般将温度调到 260 ~ 290 ℃。

2. 热风枪使用方法（见表 1-5）

表 1-5

步　骤	操　作	说　明
第 1 步	打开电源开关	1. 使用时风量要适当,否则会将小元件吹移位或损坏相邻元件
第 2 步	根据被拆件大小,将风量调到适当,温度调在 270 ℃左右	2. 风枪要与印刷版垂直,对双列引脚元件,风枪要画圈移动,对单列引脚元件风枪应直线来回移动
第 3 步	将风嘴离被拆元件焊盘 3 cm 左右并不断晃动	
第 4 步	待被拆元件上所有焊盘上的焊锡都溶化后,迅速取下元件	
第 5 步	拆下元件后将热风枪电源关断	3. 热风枪要完全冷却后才能存放

3.实际操作训练

在老师的指导下,每位同学练习多脚元件或集成电路的拆焊,至少做2个多脚元件(2块集成块)的拆焊练习。

任务评价

表1-6   总分：

基本维修方法简述(20分)		拆焊技能(50分)	其他素质(30分)
直观法		吸锡烙铁拆焊 （20分）	团队意识(10分)
			安全文明(10分)
直流电压法		热风枪拆焊 （30分）	实训纪律(10分)
			—

项目二　黑白电视机稳压电源安装与调试

[知识目标]

● 学会分析黑白电视机稳压电源的原理。

[技能目标]

● 认识并检测稳压电源中的元件。
● 完成稳压电源安装和调试。
● 认识并处理调试中的常见问题。

《西游记》里有千里眼和顺风耳,他们可以将千里之外的事情看得实在,听得清楚,但这只不过是神话故事里的人物而已。现在的电视技术不仅实现了千里眼和顺风耳的功能,而且大大超越了他们的能力,我们从电视中看到和听到的事物,距离何止千里万里。经过本书的学习,你也将成为千里眼和顺风耳。本项目以μPC三片机(红岩SQ 352)为例,给大家介绍其稳压电源的安装和调试方法,今后只要不做特别说明,都是指的该机型。

任务一　稳压电源元件认识与检测

一、工作任务

(1)按电路图清理出所需元件。

(2)将清理出的元件进行质量检测。

电视机稳压电源是向整个电视机提供能量的。它的质量好坏,直接关系到电视机的质量,因此,要组装一台性能优良的电视机,首先要装好一个优质电源。而元件质量的优劣又直接影响电源的质量,因此,元件的检测则显得特别重要。

二、知识准备

图 2-1 是红岩 SQ 352 机稳压电源部分的电路原理图,在学习电视原理时,已经对稳压电源电路的原理进行了较为详细的分析,但对于一个实际的电路,不妨再对它进行一些分析和说明。

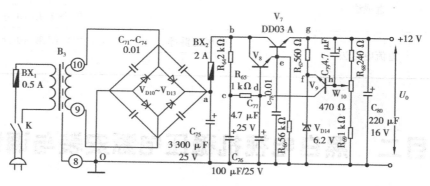

图 2-1　红岩 SQ352 稳压电源

（1）稳压原理

造成稳压电源输出电压不稳定的主要原因有电网电压的波动、负载的变化、温度的变化等。现在我们以电网电压升高的情况分析它的稳压过程,其他情况请同学们自己分析。

电网电压$\uparrow \to V_0 \uparrow \to V_{9B} \uparrow \to V_{9C} \downarrow \to V_{8B} \downarrow \to V_{8E} \downarrow \to V_{7B} \downarrow \to V_{7E} \downarrow \to V_0 \downarrow$。表达式中,$V_0$ 为输出电压,V_{9B} 表示 V_9 基极对地电压,后面的符号以此类推。

（2）主要元件的作用或名称

表 2-1

元件编号	作用或名称	元件编号	作用或名称
K	电源开关,实际含音量电位器	R_{65}	构成 π 型滤波,给辅助调整管提供纹波更小的偏置
BX_1	交流保险管	C_{76}	
B_3	电源变压器	C_{77}	
$V_{D10} \sim V_{D13}$	整流二极管	C_{78}	消除交流干扰
$C_{71} \sim C_{74}$	减小浪涌电流对整流二极管的冲击	R_{66}	减小 V_8 的穿透电流对 V_7 的影响
BX_2	直流保险管	R_{67}, V_{D14}	构成基准电压,R_{67} 为限流电阻

续表

元件编号	作用或名称	元件编号	作用或名称
C_{75}	对整流输出脉动直流滤波	C_{79}	加速电容,可改善稳压效果
V_7	调整管	R_{68}	取样电路,调节 W_{10} 可调节输出电压
V_8	辅助调整管	R_{69}	
V_9	比较放大管	W_{10}	
R_{64}	调整管偏置电阻,同时也是 V_9 的负载	C_{80}	输出滤波电容

三、任务完成过程

1. 元器件清理

请按表 2-2 清理好自己的元器件。

表 2-2

元件名称或元件号		数量	元件标称参数或型号	部分元件实物外形	说　明
电源线		1			
电源变压器(B_3)		1	220 V/18 V,35 W		变压器线包上标有"220 V"字样的是初级
推拉开关（K）		1	4.7 kΩ 推拉电位器		推拉开关是将开关和音量电位器结合为一体的,其中端部的 4 个接线桩是两个开关的接线桩
保险管（BX_2）		1	2 A		按原理图,还应有 BX_1,但实习机将它省去了
保险管夹		2			
三极管	V_7	1	DD03A,3DD15A 等		这种封装的三极管金属外壳就是集电极（见图）
	V_8	1	9013		9013 的耗散功率大于 9014 的耗散功率,故两者不要互换
	V_9	1	9014		

续表

元件名称 或元件号		数量	元件标称参数或型号	部分元件 实物外形	说　明
固定电阻	R_{64}	1	2 kΩ		固定电阻一般都采用色标法,有的色环不太标准,清理时如不能确定其参数,可用万用表测一下
	R_{65}	1	1 kΩ		
	R_{66}	1	56 kΩ		
	R_{67}	1	560 Ω		
	R_{68}	1	240 Ω		
	R_{69}	1	1 kΩ		
可调电阻	W_{10}	1	470 Ω		两只距离相对较近的引脚间的阻值就是标称值,剩下的一只引脚与滑动片相连
二极管	V_{D10}	1	1N4004		实际元件可能不是这种型号,但只要参数大于 1 A/50 V 就可以了
	V_{D11}	1			
	V_{D12}	1			
	V_{D13}	1			
	V_{D14}	1	稳压值为 6.2 V		
电容	C_{71}	1	0.01 μF		这几个电容都是无极性电容,选用时最好选涤纶电容
	C_{72}	1			
	C_{73}	1			
	C_{74}	1			
	C_{78}	1			
	C_{75}	1	3 300 μF/25 V		电解电容是有极性元件,外壳上都有标识,一般引脚较长的为正极
	C_{76}	1	100 μF/25 V		
	C_{77}	1	4.7 μF/25 V		
	C_{79}	1	4.7 μF/16 V		
	C_{80}	1	100 μF/16 V		
印版		1	SQ352 印版		
散热板		1			它的作用是给调整管散热,清理时应检查上面的安装孔与调整管 V_7 是否吻合

2. 元件检测

(1) 电阻

用万用表对所有电阻进行测量,看是否与标称值相符。若相差较大,应向辅导老师报告。

(2) 电容

用万用表 R×1 K 挡测量时,对于无极性电容器表针稳定后应在"∞"(无穷大)位置,否则不正常。对于电解电容器,测量时要注意充放电现象,即表笔接上瞬间,表针指示很小,然后向"∞"方向回转。当黑笔接电解电容的正极,红笔接负极时测得的阻值应大于 500 kΩ,否则表明漏电大。若测量时有疑问,应向老师报告。

(3) 二极管

二极管的检测参照表 2-3 进行。值得注意的是,由于二极管是非线性元件,万用表的挡位选得不同,测出的结果会与表中的参考数据有较大偏差。万用表的型号不同,测出的结果也会有些偏差,这是正常现象。

为了测得准确些,测量时应注意两点:一是测量前万用表要调零,二是要注意操作手法,不要将手同时接触被测二极管的两端。若测出的数据与表 2-3 中参考数据相差较大,应向老师报告。

表 2-3

管 号	万用表	万用表挡位	表笔连接	参考数据	评 价
$V_{D10} \sim V_{D13}$	MF47 型	R×1 kΩ	红笔接负,黑笔接正	6 kΩ(正向电阻)	好
			红笔接正,黑笔接负	∞(反向电阻)	
V_{D14}	MF47 型	R×1 kΩ	红笔接负,黑笔接正	9.5 kΩ(正向电阻)	好
		R×10 kΩ	红笔接正,黑笔接负	85 kΩ(反向电阻)	

(4) 三极管

三极管的测量可参照表 2-4 进行。图 2-2 是三极管的管脚排列,其中,图 2-2(a)是 9013 和 9014 的引脚排列,图 2-2(b)是 DD03 的引脚排列。若遇实际管脚排列与图 2-2 不同,请用万用表判断,其方法与《电子技能与实训》中所学的方法一样,这里不赘述。与二极管一样,三极管也是非线性元件,所测数据与万用表的型号和挡位都有关系。若测出数据与表 2-4 中参考数据相差较大,应向老师报告。

(a)   (b)

图 2-2 三极管的管脚排列

表 2-4

管　号	万用表	万用表挡位	表笔连接	参考数据	评　价
V_8,V_9	MF47 型	R×1 K	黑笔接 B,红笔接 E	11 kΩ(正向电阻)	好
			黑笔接 B,红笔接 C	10.8 kΩ(正向电阻)	
			红笔接 B,黑笔接 E	∞(反向电阻)	
			红笔接 B,黑笔接 C	∞(反向电阻)	
			黑笔接 C,红笔接 E	∞	
			黑笔接 C,红笔接 E 手指同时接触 C,B	32 kΩ(此值仅供参考,数值越小,β 越高)	
V_7	MF47 型	R×1 K	黑笔接 B,红笔接 E	5.5 kΩ(正向电阻)	好
			黑笔接 B,红笔接 C	6 kΩ(正向电阻)	
			红笔接 B,黑笔接 E	∞(反向电阻)	
			红笔接 B,黑笔接 C	∞(反向电阻)	
			黑笔接 C,红笔接 E	∞	
			黑笔接 C,红笔接 E 手指同时接触 C,B	50 kΩ(此值仅供参考,数值越小,β 越高)	

（5）变压器

变压器的检测可参照表 2-5 进行。

表 2-5

元件号	万用表	测试项目	万用表挡位	参考数据	评　价
B_3	MF47	初级电阻	R×10 Ω	125 Ω	好
		次级电阻	R×1 Ω	1.6 Ω	
		初、次级间电阻	R×10 kΩ	≥5 MΩ	

在完成元件检测的过程中,将测量数据填入表 2-6 和表 2-7 中。任务完成后,请将自己的元件妥善保管。

表 2-6

元件编号	万用表	万用表挡位	表笔连接	测量数据
$V_{D10} \sim V_{D13}$	MF47 型	$R \times 1\ k\Omega$	红笔接负,黑笔接正	
			红笔接正,黑笔接负	
V_{D14}	MF47 型	$R \times 1\ k\Omega$	红笔接负,黑笔接正	
		$R \times 10\ k\Omega$	红笔接正,黑笔接负	

表 2-7

元件编号	万用表	万用表挡位	表笔连接	测量数据
V_8, V_9	MF47 型	$R \times 1\ k\Omega$	黑笔接 B,红笔接 E	
			黑笔接 B,红笔接 C	
			红笔接 B,黑笔接 E	
			红笔接 B,黑笔接 C	
			黑笔接 C,红笔接 E	
			黑笔接 C,红笔接 E 手指同时接触 C,B	
V_7	MF47 型	$R \times 1\ k\Omega$	黑笔接 B,红笔接 E	
			黑笔接 B,红笔接 C	
			红笔接 B,黑笔接 E	
			红笔接 B,黑笔接 C	
			黑笔接 C,红笔接 E	
			黑笔接 C,红笔接 E 手指同时接触 C,B	

说明:表 2-6 和表 2-7 中的测量数据要独立完成,不要抄袭"参考数据"。

任务评价

表 2-8   总分:

任务完成情况(64 分) 检查表 2-6 和表 2-7 中测量数据		团队意识(12 分)	安全文明(12 分)	守纪情况(12 分)
		情况记录:	情况记录:	情况记录:
正确完成测量数据个数				
实际得分		得分:	得分:	得分:

任务二　稳压电源的安装与调试

前面对实习机稳压电源的元器件进行了清理和检测,下面教你如何用这些元器件组装成优质稳压电源。

一、工作任务

(1)完成稳压电源电路的安装。

(2)完成稳压电源电路的调试。

二、完成任务过程

1.元件引脚镀锡

为了将每一个元件可靠地焊接在印制板上,在元件整形前应将每个元件的引脚先镀上一层锡,如果有被氧化了的引脚,还要将氧化层刮干净后再镀锡。

2.元件整形与插板

将镀锡后的元件整形后按图2-1插在印制板的相应位置。电阻、二极管、三极管必须整形,对于电容器来说只有当引脚距离与印制板孔距相差较大时才整形,一般无须整形。整形插板时应注意以下3点:

(1)引脚折弯时折弯点与元件引脚根部至少有1 mm的距离,否则容易损坏元件。

(2)插件时应先插较矮的卧式元件,再插较高的立式元件。

(3)体积相当的元件高低要大体一致。

经整形并插板的元件如图2-3所示。

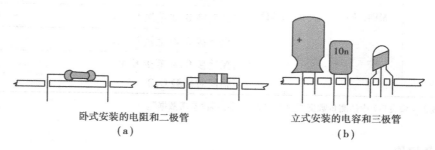

卧式安装的电阻和二极管　　　　　　立式安装的电容和三极管
　　　　　(a)　　　　　　　　　　　　　　　(b)

图2-3　元件安装示意图

3.焊接元件

插好元件就可实施焊接了。焊接时应注意以下4点:

(1)焊接前一定要检查元件是否插错,确保元件正确后才焊接。

(2)将较矮的卧式元件插完就开始焊接,焊完后再插较高元件。若将全部元件插完再焊接,由于元件的高低不平就不好焊了。

(3)焊接时要注意控制温度和烙铁停留的时间,做到既焊接可靠,又不损坏元件。

焊点是否可靠,可用肉眼观察出来,如图 2-4 所示。

(4)剪掉过长的引脚并对焊好的元件作适当的整形。

4.电源调整管(V_7)的安装

(1)将调整管装在散热板上,并装好焊片,注意管子的基极和发射极不能与散热板相碰。

(2)将调整管的 3 个引脚都焊上适当长度的引线。

(3)将散热板连同调整管安装在印制板上,如图 2-5 所示。

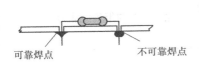

可靠焊点　　　　　　　不可靠焊点

图 2-4

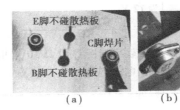

(a)　　　　　(b)

图 2-5　调整管安装图

5.连线

变压器的次级和调整管的 E,B,C 脚与印制板之间都要由导线来连接,在连接这些导线时要注意以下几点:

(1)导线的长度要适当。

(2)调整管的 3 根引线要分色。

(3)剥线长度要适当,焊点要无毛刺。

6.电路调试

电路安装完成后就可进行调试了,调试时请按表 2-9 的步骤进行。

表 2-9

步　骤	操　作	目　的
第 1 步	对照原理图 2-1 仔细检查元件安装是否有错焊、漏焊、虚焊、搭焊等情况,若有要及时排除	确保元件安装无误,焊接可靠
第 2 步	如图 2-1 所示,用万用表测 a 点和 g 点与地之间的电阻值,均不应有短路现象(阻值在数百欧以上)	保证电路无短路现象
第 3 步	通电观察 30 s 左右,若有烧保险或冒烟等情况,应立即断电检查并排除。若无以上现象,就可进一步调试	不使故障扩大,以减小损失

续表

步 骤	操 作	目 的
第 4 步	通电测 a 点对地电压(实际可测 C_{75} 两端电压)应在 18 V 以上	检查整流滤波电路是否正常
第 5 步	测 g 点对地电压(就是输出电压,实际可测 C_{80} 两端电压或 V_7 发射极对地电压),调 W_{10} 使输出电压为 12 V	检查有无输出电压,并通过调整使输出电压为 12 V
第 6 步	在输出端接上 10 Ω/10 W 电阻作假负载,再测输出电压,应不低于 11.5 V	检查电源的带负载能力

7. 任务完成情况记录

在任务完成过程中,同时完成表 2-10 的填写,本表由操作者本人和辅导教师共同填写。

表 2-10

安装过程		调试过程		违纪记录
错装元件		独立完成		
漏装元件		在他人的协助下完成		
焊点质量		不能完成		
整体效果		元件损坏情况		

任务评价

表 2-11   总分:

安装过程(40 分)			调试过程(50 分)			团队意识(10 分)	
无错装元件	10	得分	独立完成	50		得分	
无漏装元件	10	得分	别人协助下完成	30	得分	守纪情况	
焊点质量	10	得分	不能完成	0		违纪一次扣 5 分	
整体效果	10	得分	元件损坏情况	扣 5~10		扣分	

说明:调试过程的得分,前三项只能得一项的分,然后减去扣除分,才是实得分。

任务三　认识并排除稳压电源中的常见故障

经过前面的调试,可能你已经顺利完成,也可能你正在为调试中出现的问题而困惑。不管是哪种情况,都请静下心来分析一下调试中的一些常见问题,这样可以帮助你进一步理解电路的工作原理。

一、工作任务

(1)验证几种常见故障。

(2)排除几种常见故障。

二、知识准备

元件参数变化对输出电压的影响图 2-6 是 QS352 机稳压电路部分电路,电路中有些元件参数变化对输出电压有较大影响,具体分析见表 2-12。

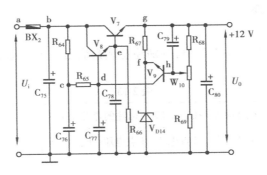

图 2-6　稳压电路

表 2-12

元件编号	变化情况	输出电压	原因分析
BX_2	断路	无	无输入电压
R_{64}	断路	无	复合调整管 V_7,V_8 基极无偏压,调整管不能导通
R_{65}	断路	无	
C_{76}	短路	无	
C_{77}	短路	无	
V_7	断路	无	调整管不导通
V_8	断路	无	
V_{D14}	穿	降低	$\rightarrow V_{9E}\downarrow \rightarrow V_{9C}\downarrow \rightarrow V_{8B}\downarrow \rightarrow V_{8E}\downarrow \rightarrow V_{7B}\downarrow \rightarrow V_{7E}\downarrow \rightarrow V_0\downarrow$

续表

元件编号	变化情况	输出电压	原因分析
C_{79}	穿	降低	$\to V_{9B}\uparrow \to V_{9C}\downarrow \to V_{8B}\downarrow \to V_{8E}\downarrow \to V_{7B}\downarrow \to V_{7E}\downarrow \to V_0\downarrow$
V_9	CE 穿	降低	$\to V_{8B}\downarrow \to V_{8E}\downarrow \to V_{7B}\downarrow \to V_{7E}\downarrow \to V_0\downarrow$
R_{69}	断	降低	$\to V_{9B}\uparrow \to V_{9C}\downarrow \to V_{8B}\downarrow \to V_{8E}\downarrow \to V_{7B}\downarrow \to V_{7E}\downarrow \to V_0\downarrow$
V_{D14}	断	升高	$\to V_{9E}\uparrow \to V_{9C}\uparrow \to V_{8B}\uparrow \to V_{8E}\uparrow \to V_{7B}\uparrow \to V_{7E}\uparrow \to V_0\uparrow$
R_{68}	断	升高	$\to V_{9B}\downarrow \to V_{9C}\uparrow \to V_{8B}\uparrow \to V_{8E}\uparrow \to V_{7B}\uparrow \to V_{7E}\uparrow \to V_0\uparrow$
V_8	CE 穿	升高	$\to V_{7B}\uparrow \to V_{7E}\uparrow \to V_0\uparrow$
V_7	CE 穿	升高	输出与输入端直接接通

三、完成任务过程

1. 常见故障验证

完成下面的操作并填写表2-13,特别注意观察输出电压变化情况与表2-12中的分析是否吻合。

表2-13

验证项目	电压测量(按表2-12中标注的点测试)						输出电压变化情况
	b 点电压	c 点电压	d 点电压	f 点电压	h 点电压	U_0	
断开 R_{64}							
断开 R_{65}							
短路 C_{76}							
短路 C_{77}							
断开 V_{D14}							
短路 V_{D14}							
短路 C_{79}							
断开 R_{68}							
断开 R_{69}							

2. 排除常见故障

(1)输出电压可调,但始终略低于 12 V

这种情况电路基本是正常的,只要适当增大 R_{68} 或减小 R_{69} 即可。

（2）输出电压可调，但始终略高于 12 V

和前面一样，电路基本正常，只需适当增大 R_{69} 或减小 R_{68} 即可。

（3）无输出电压

①主要原因

根据表 2-12 的分析，无输出电压的主要原因见表 2-14。

表 2-14

变压器	整流电路	保险管 BX$_2$	K	R$_{64}$	R$_{65}$	C$_{76}$	C$_{77}$	C$_{78}$	V$_8$	V$_7$
没接通	整流管坏	断	断	断	断	穿	穿	穿	坏	坏

说明：实习机一般没接 BX$_1$，若接有 BX$_1$，还应考虑它断的情况。

②检查步骤

检查过程中，首先要对几个关键点的电压了如指掌，见表 2-15。表中所列电压值，除 B$_3$ 次级两端的电压是交流电压外，其余都是指各点与地之间的直流电压。此外，U_f 与稳压二极管 V_{D14} 的参数有关。

表 2-15

B$_3$ 次级电压	U_a	U_b	U_c	U_d	U_e	U_f
18 V 左右	18 V 以上	18 V 以上	15 V 左右	13.4 V	12.7 V	6.2 V

若你的稳压电源有这种情况，请按图 2-7 步骤进行，只是要注意以下 4 点：

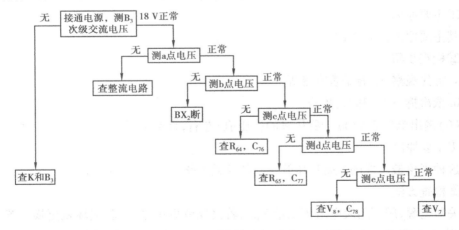

图 2-7　无输出电压检查步骤

a. 测量前先用肉眼观察是否有虚焊、漏焊（观察法）等情况。

b. 为了方便，测量时可将黑表笔端接地，移动红表笔去测量各点。

c. 测量时，表笔不要碰到测试点的相邻点，以免造成损失。

d. 图 2-7 逻辑图仅供参考,实际检查时也不一定完全按这个步骤。

(4)输出电压 18 V 以上,且不可调

①主要原因

根据表 2-12 中的分析,造成这种故障的主要原因见表 2-16。

表 2-16

V_7	V_8	V_9	V_{D14}
CE 穿	CE 穿	CE 断	断

②检查步骤

若你的稳压电源有这种情况请按图 2-8 逻辑图进行检查。

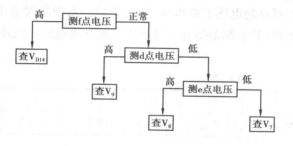

表 2-17

R_{69}	V_9	C_{79}
断	CE 穿	穿

图 2-8　输出电压高的检查步骤

(5)输出电压 7 V(略高于稳压管的稳压值)左右,且不可调

①主要原因

其主要原因见表 2-17。

②检查步骤

a. 首先观察 R_{69} 看是否有虚焊。

b. 依次拆下 V_9 和 C_{79} 检查。

(6)输出电压 3 V(低于稳压管的稳压值)左右,且不可调

①主要原因

这种现象最可能的就是稳压管 V_{D14} 装反或短路。

②检查方法

关断电源,用万用表电阻挡测量 V_{D14},若接反就更正过来,若损坏就更换。若 V_{D14} 无问题,可参照图 2-8 步骤进行检查,只是测量时的数据有一定差别。

以上几种情况是调试中较为常见的故障,你若遇到其他情况,请在老师的指导下进行检查。经过本节的学习,相信你已经有了一定分析问题和解决问题的能力。

任务评价

总分：

表 2-18

故障验证情况(63 分)	团队意识(13 分)	守纪情况(12 分)	安全文明(12 分)
检查表 2-13 中数据填写,完成一个得 1 分			
得分			

项目三 黑白电视机扫描系统的安装与调试

[知识目标]
- 熟悉行扫描电路的组成。
- 熟悉场扫描电路的组成。

[技能目标]
- 认识扫描电路中的特殊元件。
- 完成扫描电路的安装与调试。
- 认识并处理调试中出现的故障。

扫描系统的主要作用是形成光栅。只有扫描系统工作正常的情况下,电视机才能重现出逼真的图像,因此,安装和调试好扫描系统是电视机安装成功的关键。

任务一 认识行扫描前级电路

行扫描电路习惯上分前级和后级。现在我们就来完成行扫描前级电路的安装与调试。

一、工作任务

(1)熟悉 SQ352 机行扫描电路前级的组成。

(2)认识电路中主要元件的作用。

二、知识准备

图 3-1 中虚线框内的行振荡和行激励就是习惯上的行扫描前级。其中,AFC 电路本属于同步分离级的电路,但为了实训任务的方便,将 AFC 电路纳入本任务中。其各部分的电路见表 3-1。

图 3-1

表 3-1

单元电路	说　明
AFC 电路	1. 电路为不平衡型 AFC 电路 2. V_{D2} 和 V_{D3} 是构成鉴相器的关键元件，应尽量让它们的参数一致 3. 电路必须有同步信号和行逆程脉冲同时输入才能工作 4. 电路的特性是： $T_H = T_0，U_{AFC} = 0；T_0 < T_H，U_{AFC} < 0；$ $T_0 > T_H，U_{AFC} > 0$
行振荡电路	1. R_{49} 是 V_4 的偏置电阻，接成了负反馈的形式，具有稳定工作点的作用 2. 电路能输出幅度 2～4 V、脉冲宽度为 18～20 μs 的矩形行频脉冲 3. 电路具有稳频的作用 4. C_{53} 和 C_{55} 的容量越大、L_7 电感量越大振荡频率越低
行激励电路	1. 电路的主要作用是将行振荡级送来的行频脉冲进行放大，保证行输出管可靠地工作在开关状态 2. B_1 是激励变压器，它的同名端确定电路为反极性激励

三、任务完成过程

（一）电路认识

图 3-2 是黑白电视机 SQ352 行扫描前级和 AFC 电路。表 3-1 已经将它的各部分电路进行了较为详细的说明，现在的任务主要是对组成这个电路的元件进行认识。

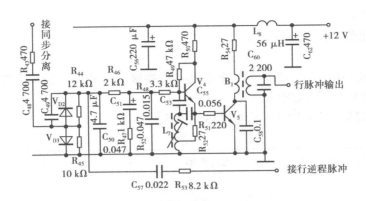

图 3-2

1. 主要元件作用或名称(见表3-2)

表 3-2

元件编号	主要元件作用或名称	元件编号	主要元件作用或名称
C_{48}	引入同步信号,有隔直作用	R_{49}	
R_{43}	引入同步信号,有隔离作用	R_{50}	
C_{49}		C_{53}	行振荡电路。其中,V_4 是行振荡管,L_7 是行振荡线圈
V_{D2},V_{D3}	AFC 鉴相器	C_{55}	
R_{44},R_{45}		R_{52}	
C_{50}	锯齿波形成	L_7	
R_{46}		V_4	
R_{47}	双时间滤波	V_5	行激励级。其中,V_5 称为行激励管,B_1 是激励变压器,R_1 起隔离作用,R_{54} 起限流作用。C_{58},C_{60} 起阻尼作用,减小高频自激对电路的影响
C_{51}		B_1	
C_{52}		R_{51}	
R_{48}	隔离,减少前后级的相互影响	R_{54}	
L_8		C_{58}	
C_{56}	电源滤波	C_{60}	
C_{62}		C_{57},R_{53}	给 AFC 电路引入行逆程脉冲

2. 信号流程

同步信号:

同步分离→R_{43}→C_{48}→AFC 鉴相器。

行逆程脉冲:

行输出级→AFC 鉴相器。

AFC 电压：

AFC 鉴相器 $R_{46} \to R_{48} \to V_4$ 基极。

行脉冲：

V_4 发射极 $\to R_{51} \to V_5$ 基极 $\to V_5$ 集电极 $\to B_1$ 初级 $\to B_1$ 次级 $\to$ 行输出管基极。

（二）几个特殊元件的认识

这部分电路用了 3 个特殊元件，详见表 3-3。

表 3-3

元件名称	元件编号	元件外形	说　明
滤波电感	L_8	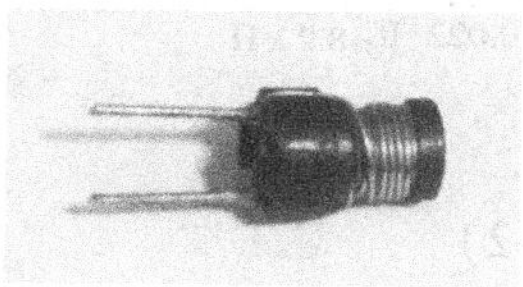	它是在工字形磁芯上绕上线圈而成
行振荡线圈	L_7		1. 图中 1 脚为空脚 2. 线圈内部有带螺纹的磁芯，旋转调节手柄可改变磁芯在线圈中的位置，从而改变线圈的电感量，达到调节行振荡频率的目的
行激励变压器	B_1		1. 图中 2 脚为空脚，主要起定位作用 2. 图中 4,5 脚为初级，1,3 为次级，它是一个降压变压器

（三）完成任务记录

表 3-4

电路认识	在图 3-2 中圈出 AFC 电路、行振荡电路和行激励电路
电路分析	当 $f_0 = f_H$，U_{AFC}（　）；$f_0 < f_H$，U_{AFC}（　）；$f_0 > f_H$，U_{AFC}（　）
	图 3-2 中，当 C_{53} 开路后，电路有什么现象？为什么？

任务评价

表 3-5

总分

电路认识情况(55 分)	团队意识(15 分)	安全文明(15)	守纪律情况(15 分)
评分依据表 3-4 完成情况			
得　分			

任务二 行扫描前级电路的安装与调试

前面已经对 SQ352 机型的行扫描前级电路有了全面的认识,下面即可对它进行安装和调试。

一、工作任务

(1)元件清理与检测。

(2)元件的安装与调试。

二、任务完成过程

(一)元件清理

元件清理按表 3-6 进行。

表 3-6

元件编号	数量	参数或型号	元件编号	数量	参数或型号	元件编号	数量	参数或型号
R_{43}	1	470 Ω	R_{54}	1	27 Ω	C_{58}	1	0.1 μF
R_{44}	1	12 kΩ	C_{48}	1	4 700 pF	C_{60}	1	2 200 pF
R_{45}	1	10 kΩ	C_{49}	1	4 700 pF	C_{62}	1	470 μF
R_{46}	1	2 kΩ	C_{50}	1	0.047 μF	V_4	1	9014
R_{47}	1	1 kΩ	C_{51}	1	4.7 μF	V_5	1	9013
R_{48}	1	3.3 kΩ	C_{52}	1	0.047 μF	V_{D2}	1	1N4148
R_{49}	1	47 kΩ	C_{53}	1	0.015 μF	V_{D3}	1	
R_{50}	1	470 Ω	C_{55}	1	0.056 μF	B_1	1	
R_{51}	1	220 Ω	C_{56}	1	220 μF	L_7	1	
R_{52}	1	27 Ω	C_{57}	1	0.022 μF	L_8	1	
R_{53}	1	8.2 kΩ						

(二)元件检测

(1)普通元件的检测在安装电源时,已学会电阻、电容、三极管、二极管的检测,只是 V_{D2} 和 V_{D3} 是开关二极管,正常时它的正向电阻比普通整流二极管的正向电阻更小。但测量的方法是一样的,这里不再介绍。

（2）几个特殊元件的检测（见表3-7）。

表3-7

元件编号	万用表	万用表量程	参考数据	
B_1			"1""3"间电阻	"4""5"间电阻
			3 Ω	0.2 Ω
L_7	MF47	R×1 Ω	"3""2"间电阻	"3""4"间电阻
			230 Ω	380 Ω
L_8			0.2 Ω 左右，实际测试表针指示数值不明显，电阻基本为零	

（三）电路安装

经过对元件的检测，若无异常就可以进行电路安装了。安装时的方法和步骤与稳压电源相同，只是在安装行振荡线圈 L_7 时要将它的调节手柄与印制板平行。

（四）电路调试

表3-8

步　骤	操　作				目　的
第1步	检查元件安装是否准确，元件引脚焊接是否可靠				确保元件安装和焊接的正确可靠性
第2步	复查稳压电源的输出电压是否为12 V，若不正常要重新调整稳压电源				确保电源电压正确，才能保证电路工作正常
第3步	稳压电源输出电压正常后，接通"F11"跳线。测电流测试口电流，正常为60 mA 左右（见图3-3）				检查行振荡和行激励级电流是否正常
第4步	电流正常后封住电流测试口				给行扫描前级接通电源
第5步	测 V_4 各极电压，正常值参考右表	E	B	C	检查行振荡管工作点是否正常，同时也可大致判断是否起振（发射结浅正偏为起振）
		0.2 V	0.4 V	11 V	
第6步	测 V_5 各极电压，正常值参考右表	E	B	C	检查行激励管工作点是否正常，同时也判断行振荡信号是否到达 V_5 基极（基极电压为负值时表明振荡信号已达 V_5）
		0 V	－0.1 V（是负值即可）	11 V	

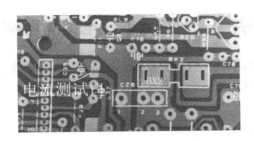

电流测试口

图 3-3

经过上面的调试,电路就基本能正常工作了。这里要注意两点:

(1)调试过程中,当电流测试口测到的电流过大时,应排除电路故障后才能封住测试口,但测到的电流较小时则可以将测试口封住。

(2)行激励管 V_5 基极是一个关键测试点,它上面是否有负压是判断振荡级的行频信号是否送到 V_5 基极的重要依据。

(五)任务完成过程记录

在完成任务的过程中,请将表 3-9 也一并完成。

表 3-9

测量 L_7		电压测量			违纪记录
"3,2"脚间电阻		V_4	E	B	C	
"3,4"脚间电阻		V_5	E	B	C	

任务评价

表 3-10 总分:

元件和电压测量(24 分)		安装过程(25 分)		得分	调试过程(26 分)
评分依据	表3-9 中测量数据	安装正确 (10 分)			独立完成 (26 分)
得分		焊点质量 (10 分)			他人协助完成(20 分)
		整体效果 (5 分)			没有完成 (0 分)
团队意识 (15 分)					
守纪情况 (10 分)					

任务三　认识并排除行扫描前级电路的几种常见故障

经过前面的调试,可能这部分电路已能正常工作了,也可能出现了一些问题,不管是哪种情况,都请跟着我们来分析和解决以下几种常见故障。

一、工作任务

(1)认识行扫描前级的常见故障。

(2)学会行扫描前级故障的检查方法。

二、知识准备

（一）行振荡是否起振的判断方法

表 3-11

方法1	测行振荡管 V_4 工作点,一般电路起振时为"浅正偏",即 U_{BE} 小于 0.7 V。这种方法简单易行,但不十分可靠,因为当振荡管的发射结严重漏电时也会出现"浅正偏"的假象
方法2	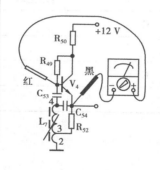 第1步:万用表置直流 2.5 V 挡,测 V_4BE 间电压（见图） 第2步:用镊子短路 L_7"2""4"脚,同时观察电压是否有变化,若变化,表明电路起振,否则就没有起振(注意在整个测量过程中,两支表笔始终不能离开测试点)。这种方法虽然麻烦些,但可靠性高得多

（二）检查激励级中的行频信号

表 3-12

方法1	测激励管 V_5 基极直流电压,若有负压,表明信号已经到达 V_5 基极。这种方法虽然简单易行,但不十分可靠,因为当行振荡的波形有所变化时,V_5 的基极可能为正压,还有当 V_5 发射结损坏时测得的结果也可能不同。这种方法还不能准确判断激励级是否有输出

续表

方法2	万用表置交流最小量程(10V)上,当然也可用交流毫伏表	
	判断行频脉冲是否到达激励管基极	判断是否有行频脉冲输出
	万用表的一支表笔接地(如黑笔),另一表笔串接一只约0.022 μF的电容器,测V_5基极,若有交流电压,表明行频脉冲已经到达V_5基极	万用表的一支表笔接地(如黑笔),另一表笔串接一只约0.022 μF的电容器,测激励变压器次级热端(非接地端),若有交流电压,表明有行频脉冲输出

三、任务完成过程

(一)认识行扫描前级常见故障

行扫描前级的常见故障主要有以下几种(见表3-13)。

表3-13

主要原因	行振荡级未起振	行振荡级信号未送到激励级	开机R_{54}冒烟
	V_4工作点不正常		R_{52}开路
	C_{53}开路	R_{51}断路	L_7"2""3"间断
	L_7有开路		V_5CE穿

(二)常见故障验证

1. 行振荡常见故障验证(见表3-14)

表3-14

	R_{49}开路			R_{50}开路			C_{53}开路		
现象									
V_4各极电压	E	B	C	E	B	C	E	B	C

2. 激励级常见故障验证(见表3-15)

表3-15

		R₅₁开路			R₅₂开路		
现象							
V₅ 各极电压	电极	E	B	C	E	B	C
	直流						
	交流						

(三)主要故障检查与排除

1. 不起振

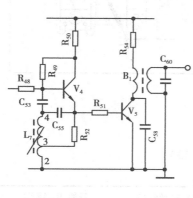

图 3-4

如图 3-4 所示,不起振的故障重点应考虑 V_4 的工作点是否正常。影响 V_4 工作点的元件主要有 R_{50}, R_{49}, R_{52} 等。此外,C_{53} 是正反馈电容,若它出现开路或参数相差太多,也会不起振,但由于电容器的参数不好用万用表检测,一般的做法是用一个参数可靠的电容器代换(代替法)。

2. 开机 R_{54} 冒烟

由上面的分析,这种故障重点检查 R_{52},L_7 "2" "3"脚是否开路,其次要检查 V_5 是否有击穿等。这些都可以先用观察的方法检查,如不行就用欧姆挡测量上述元件。

3. 行激励级无行频脉冲输出

这种情况可参考图 3-5 步骤进行检查,在完成这一任务中,学会了 3 种测试手段:

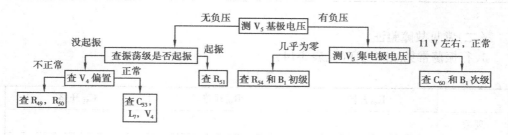

图 3-5

（1）用万用表判断行振荡是否起振的方法。这种方法也是判断其他振荡电路是否起振的普遍方法，必须熟练掌握。

（2）利用测行激励管 V_5 基极电压来判断行频脉冲是否到达行激励管。行激励管基极是行扫描电路中的一个关键测试点，测该点的电压，就可判断行频信号是否到达行激励级，给我们检查这部分电路带来不少方便。

（3）利用测交流电压判断信号的有无。应用这种方法时要串接一只电容器，主要是为了隔直，电容器容量的大小视被测信号频率高低来确定。若测场扫描电路中的信号，电容器可用 10 μF 左右的。此外，由于一般万用表的交流电压最小量程是 10 V，若电路中的信号过小就测不出来，因此，这种方法特别适合应用在扫描系统中，而信号系统则不宜采用这种方法。

（四）任务完成情况记录

完成任务的同时，请完成表 3-16 的填写。

表 3-16

故障验证情况		故障检测排除情况	违纪记录
表 3-10 完成情况	完成几项		
表 3-11 完成情况	完成几项		

任务评价

表 3-17   总分：

故障验证（72 分）		其他素质（28 分）	
表 3-10 每项 10 分，共 30 分		团队意识 （10 分）	
		安全文明 （8 分）	
表 3-11 每项 21 分，共 42 分		实训纪律 （10 分）	
		—	

任务四　认识行扫描后级电路和显像管附属电路

图 3-6 是黑白电视机 SQ352 行扫描后级和显像管附属电路，看起来是不是有点复杂？没关系，你已经有安装电源和行扫描前级的经验了，只要认真按书上的步骤进行，

就可以认识、安装和调试它。

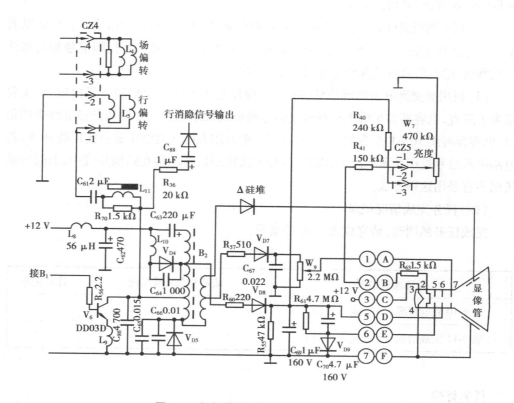

图 3-6　行扫描后级和显像管附属电路

一、工作任务

（1）熟悉 SQ352 机行扫描后级和显像管附属电路。

（2）认识电路中的专用元器件。

二、知识准备

（一）行扫描后级电路和显像管附属电路

习惯上说的行扫描后级，往往是指行输出级和行偏转回路。显像管附属电路是高中压电路部分，但行输出变压器既是行输出级的元件又是高中压电路的元件，故两者不好截然分开，安装调试时也要同时进行。

（二）单元电路（见表 3-18）

表 3-18

电路名称	电 路	说 明
行扫描后级	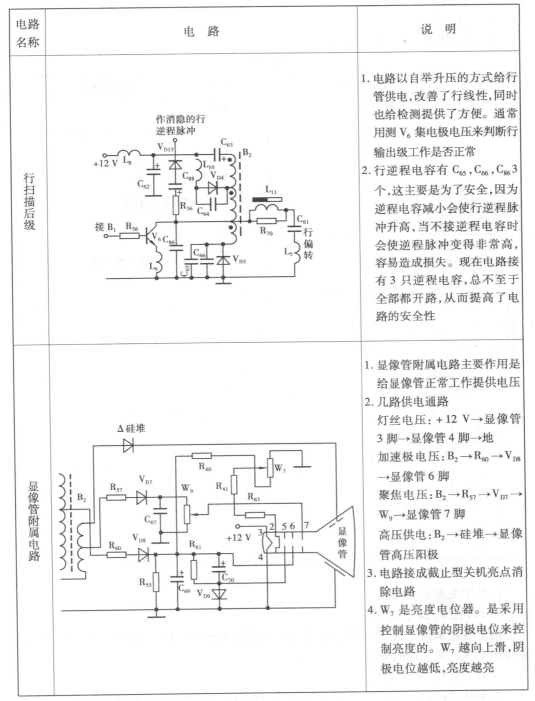	1. 电路以自举升压的方式给行管供电,改善了行线性,同时也给检测提供了方便。通常用测 V_6 集电极电压来判断行输出级工作是否正常 2. 行逆程电容有 C_{65},C_{66},C_{86} 3 个,这主要是为了安全,因为逆程电容减小会使行逆程脉冲升高,当不接逆程电容时会使逆程脉冲变得非常高,容易造成损失。现在电路接有 3 只逆程电容,总不至于全部都开路,从而提高了电路的安全性
显像管附属电路		1. 显像管附属电路主要作用是给显像管正常工作提供电压 2. 几路供电通路 灯丝电压:+12 V→显像管 3 脚→显像管 4 脚→地 加速极电压:B_2→R_{60}→V_{D8}→显像管 6 脚 聚焦电压:B_2→R_{57}→V_{D7}→W_9→显像管 7 脚 高压供电:B_2→硅堆→显像管高压阳极 3. 电路接成截止型关机亮点消除电路 4. W_7 是亮度电位器。是采用控制显像管的阴极电位来控制亮度的。W_7 越向上滑,阴极电位越低,亮度越亮

三、任务完成过程

（一）电路认识

1. 电路中主要元件作用或名称

表 3-19

元件编号		作用或名称	元件编号		作用或名称
	R_{56}	激励功率调节		R_{57}	
	V_6	行输出管		V_{D7}	400 V 聚焦电压整流滤波
	C_{65}			C_{67}	
	C_{86}	行逆程电容		W_9	聚焦电位器
	C_{66}			R_{63}	灯丝限流电阻
	V_{D5}	阻尼二极管		R_{60}	
	V_{D4}	升压二极管		V_{D8}	100 V 中压整流滤波
	C_{63}	升压电容		R_{55}	
	C_{64}	对升压二极管有保护作用		C_{69}	
行扫描后级	L_8	电源滤波	显像管附属电路	R_{61}	关机亮点消除电路
	C_{62}			C_{70}	
	L_{11}	行线性补偿		V_{D9}	
	R_{70}			R_{40}	亮度控制电路
	C_{61}	S 校正电容		R_{41}	
	R_{36}	行消隐信号输出		W_7	
	C_{88}			B_2	行输出变压器
	V_{D15}				
	L_5	行偏转线圈			
	L_9	防止行辐射			
	L_{10}				

2. 几个关键点电压

（1）行管 V_6 集电极电压

由于电路采用了自举升压电路,正常时行管集电极电压应为 27 V 左右,这个电压是行输出级正常工作的标志。

（2）行管 V_6 基极电压

正常时,行管基极电压为负值,它是判断行频信号是否到达行管基极的重要依据。

（二）认识几个专用元器件

1. 显像管

（1）作用

完成电—光转换，以重现图像。

（2）显像管的外部结构

如图 3-7 所示，显像管外部结构有管脚、管颈、锥体、屏幕 4 个部分。

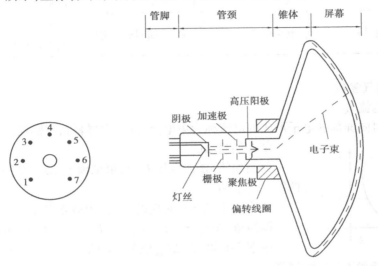

（a）显像管引脚排列　　　　　　（b）显像管结构图

图 3-7

1—栅极；2—阴极；3,4—灯丝；5—栅极；6—加速极；7—聚焦极

（3）机械参数

① 屏幕尺寸（显像管屏幕对角线长度）

测量显像管的屏幕尺寸有公制（cm）和英制（in）两种（1 in = 2.54 cm）。黑白显像管常见有以下几种尺寸，见表 3-20。

表 3-20

公制	23 cm	31 cm	35 cm	43 cm
英制	9 in	12 in	14 in	17 in

② 偏转角

偏转角就是锥体的顶角。常见的有：70°，90°，110°，114°等。偏转角越大，需要的偏转功率越大，但可以将显像管做得越短。

（4）内部结构

显像管内部重点要认识电子枪，表 3-21 是组成电子枪的各个极的名称和作用。

表 3-21

电极名称	主要作用	电极名称	主要作用
灯丝(H 表示)	给阴极加热,以便让阴极发射电子	第一阳极(加速极)	加速束电流,让电子快速移动
阴极(K 表示)	发射电子,产生束电流	第三阳极(聚焦极)	汇聚束电流,让图像更清晰
栅极(G 表示)	控制束电流	第二,四阳极(高压)	进一步加速束电流,让电子高速轰击荧光屏

(5)电气参数

①束电流 i_K

阴极射向屏幕的电子形成的电流称为束电流,方向由屏幕指向阴极。

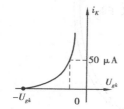

图 3-8 显像管调制曲线

②调制量 ΔU_{gk}

调制曲线:栅阴电压 U_{gk} 与束电流 i_K 的关系曲线称为调制曲线(见图 3-8)。

截止电压:$i_K = 0$ 对应的 U_{gk} 称为截止电压。

调制量:$\Delta U_{gk} = |U_{gk}|_0 - |U_{gk}|_{50 \mu A}$ 称为调制量。

由图 3-8 可知,ΔU_{gk} 值越小,曲线越陡,显像管的灵敏度越高。

由图 3-8 不难看出,栅阴电压是负值,其绝对值越小,束电流越大,屏幕的亮度越高。

(6)14 寸黑白显像管正常发光时各电极电压参考值(见表 3-22)

表 3-22

电极名称	电压参考值	电极名称	电压参考值
灯丝(3,4 脚)	12 V	加速极(6 脚)	100 V 左右
阴极(2 脚)	十几伏到二十几伏	聚焦极(7 脚)	0 ~ 400 V
栅极(1 脚或 5 脚)	0 V	高压阳极(高压帽)	12 kV

2. 偏转线圈

(1)作用

使电子枪中电子束完成水平和垂直扫描。

(2)结构

图 3-9 是偏转线圈的外形结构,表 3-23 是偏转线圈各部分的主要作用。

图 3-9 偏转线圈

表 3-23

	作 用
行偏转	产生垂直磁场,使电子束作水平扫描
场偏转	产生水平磁场,使电子束作垂直扫描
中心调节磁环	校正显像管制造中产生的不一致性,使光栅在屏幕中心位置

（3）行偏转与场偏转的区别

①从外观区别

行偏转在内层,场偏转在外层,而且场偏转线圈有磁芯。

②从直流电阻大小区别

行偏转的直流电阻小(约 $0.1\ \Omega$），场偏转的直流电阻大(约 $2.5\ \Omega$）。

3. 行输出变压器

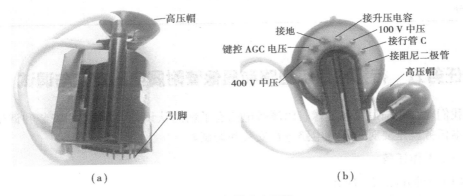

（a）　　　　　　　　　　　　（b）

图 3-10　行输出变压器

行输出压器的主要作用是形成高中压,图 3-6 中的 B_2 就是这个元件。图 3-10（a）是行输出变压器的外形图,图 3-10（b）是行输出变压器引脚接法图。

4. 磁饱和电抗器(行线性)

磁饱和电抗器的作用是校正光栅右边压缩失真。图 3-6 中 L_{11} 就是这个元件。图 3-11 是它的外形图,其内部是在一个"工"字形磁芯上绕上线圈,调节孔下面是一块永久磁铁,使用时用螺丝刀可方便地调节行线性。

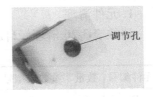

图 3-11　行线性

（三）工作任务完成记录

表 3-24

电路认识情况	在显像管脚旁边标出电极名称和电压	违纪记录
在图 3-6 中圈出行扫描后级元件		
在图 3-6 中圈出 100 V 和 400 V 中压整流滤波电路元件		
在图 3-6 中圈出关机亮点消除电路		

任务评价

表 3-25

总分：

电路认识(45 分)		元器件认识(21 分)	团队意识(17 分)	实训纪律(17 分)
表 3-24 中每圈对一个得 15 分		表 3-20 中每脚 3 分		
得分		得分		

任务五　行扫描后级电路和显像管附属电路安装与调试

我们对行扫描后级和显像管附属带电路有了新的认识，已经有把握安装和调试它了。本任务就是要对这部分电路进行安装和调试。

一、工作任务

（1）清理并测试相应元件。

（2）完成电路的安装与调试。

二、任务完成过程

（一）元件清理与检测

1.元件清理

请按表 3-26 清理好自己的元件。

表 3-26

元件编号	数量	参数或型号	元件编号	数量	参数或型号	元件编号	数量	参数或型号
R_{36}	1	20 kΩ	C_{62}	1	470 μF	V_6	1	3DD15D
R_{40}	1	240 kΩ	C_{63}	1	220 μF /25 V	V_{D8}	1	1N4007
R_{41}	1	150 kΩ	C_{64}	1	1 000 pF	V_{D9}	1	
R_{55}	1	47 kΩ	C_{65}	1	0.015 μF /400 V	V_{D15}	1	1N4148

续表

元件编号	数量	参数或型号	元件编号	数量	参数或型号	元件编号	数量	参数或型号
R_{56}	1	2.2 Ω	C_{66}	1	0.01 μF/400 V	B_2	1	行输出
R_{57}	1	510 Ω	C_{67}	1	0.022 μF/400 V	L_5	1	行偏转
R_{60}	1	220 Ω	C_{69}	1	1 μF/160 V	L_9	1	10 μH
R_{61}	1	4.7 MΩ	C_{70}	1	4.7 μF/160 V	L_{10}	1	
R_{63}	1	1.5 kΩ	C_{86}	1	4 700 pF/400 V	L_{11}	1	行线性
R_{70}	1	1.5 kΩ	C_{88}	1	1 μF			
W_7	1	470 kΩ	V_{D4}	1	1N4007			
W_9	1	2.2 MΩ	V_{D5}	1				
C_{61}	1	2 μF	V_{D7}	1				

2.元件检测

阻容元件、三极管、二极管等,都按前面讲的方法进行检测。电感元件一般只需用万用表测其通断情况就可以了。

(二)电路安装

1.安装阻容元件和二极管

阻容元件和二极管的安装方法与前面的电路是一样的,但要注意 C_{65},C_{66},C_{86} 这几个电容是逆程电容,耐压不得小于 400 V;C_{67} 是 400 V 中压的滤波电容,耐压也不得小于 400 V;C_{69},C_{70} 两个电容的耐压必须不小于 160 V。

2.安装行输出变压器

行输出变压器的引脚多,又是硬脚,不好对位,安装时千万不要用力过猛,以免将其损坏。焊接时焊锡要饱满,以保证良好的导电和受力性能。

3.安装行输出管

(1)将行输出管固定在相应的散热板上,如图 3-12 所示。

(2)给三极管的 B 脚和 E 脚上好锡,然后在两只引脚上焊接出适当长度的引线。两根引线的颜色最好不同,以便区别。

图 3-12

(3)给散热板的 3 只脚上锡。上锡前最好先将 3 只引脚用锉刀将其锉亮,然后再上锡。

(4)将三极管安装到印制板上。记住将 B,E 两根引线接入电路板中相应的位置。

4. 安装偏转线圈

（1）将偏转线圈套在显像管颈并使其贴紧显像管的锥体（见图3-13）。

（2）将偏转线圈的接线端接上适当长度引线。接线时一定要分清行偏转线圈和场偏转线圈，千万不要接错。

5. 安装高压帽

将行输出变压器的高压帽与显像管的高压阳极相连，如图3-14所示。

图 3-13

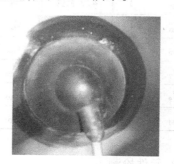
图 3-14

（三）电路调试

电路调试按表3-27进行。

表 3-27

步　骤	操　作	目　的
第1步	仔细检查电路安装是否正确，特别是引线、跨接线是否连接正确和完整	确保电路元器件安装的正确性
第2步	复查稳压电源输出电压是否为12 V，若不对应调正确	确保电源电压的正确性，以免给调试带来麻烦
第3步	测V_6基极电压是否为负值，若有负值，表明行频信号已经到达V_6基极，否则应检查激励级或振荡级	检查行频信号是否到达行输出管的基极
第4步	万用表置5 A挡，测行输出管电流测试口，电流应在700 mA左右，若电流正常可封住电流测试口 电流测试口	检查行输出级电流是否正常，若盲目将电流测试口封住，将可能造成损失

续表

步　骤	操　作	目　的
第5步	万用表置直流50 V挡,测行输出管集电极电压,正常应为27 V左右	进一步确定行输出级是否工作正常
第6步	万用表置250 V挡,测100 V(V_{D8}负极)和400 V(V_{D7}负极)中压,正常值分别为100 V和400 V左右	检查电路中电压是否正常
第7步	测显像管座相关引脚电压:灯丝(3脚)12 V、栅极(5脚)0 V左右、加速极(6脚)100 V左右。阴极(2脚)20 V左右	检查显像管正常发光的条件是否满足
第8步	观察屏幕,并调节亮度电位器,应能出现水平一条亮线,调节亮度电位器,应能改变亮线的亮度 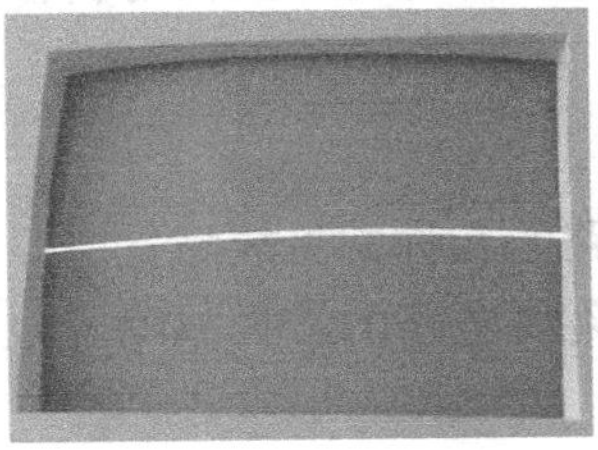 	观察显像管是否能发光,并检查亮度是否可调

经过上面的调试,这部分电路已经能正常工作。

(四)任务完成记录

完成以上调试后,请将相关内容填入表3-28。

表3-28

数据测量			效果观察	是	否	违纪记录
V_6各极电压	E	行电流	行幅是否满幅	是	否	
	B	100 V中压	亮度是否稳定	是	否	
	C	400 V中压	亮度是否可调	是	否	

任务评价

表 3-29 　　　　　　　　　　　　　　　　　　　　　　　总分：

测量数据(30 分)		整体效果(50 分)	团队意识(10 分)	遵守纪律情况(10 分)
表 3-28 中每个数据 5 分		亮线稳定度 (10 分)		
得分		亮度控制 　 (10 分)		
		行幅 　　　 (10 分)		
		装配工艺 　 (20 分)		

任务六　认识并排除几种常见故障

调试过程中,往往要遇到一些不顺利的情况,这是很正常的。这部分电路较为复杂,安装过程中稍有不慎或元件质量有问题就会出现一些稀奇古怪的现象。本任务就是要我们认识几种常见故障现象。

一、工作任务

(1)验证行扫描后级和显像管附属电路的几种常见故障。

(2)认识并排除行扫描后级和显像管附属电路的常见故障。

二、知识准备

1. 判断行频脉冲是否到达行管基极

万用表置直流 2.5 V 挡,测行管 V_6 基极电压,有负压则表明行频脉冲已到达行管基极。

2. 利用测行管集电极电压判断行输出级工作是否正常

由于采用了自举升压行输出电路,行管正常工作时集电极电压为 27 V 左右,当它工作不正常时,这个电压也不正常。因此,在检查行扫描电路时,行管集电极是一个关键测试点,具体情况见表 3-30。

表 3-30

行管 V_6 集电极电压	工作情况
27 V	工作正常
12 V	没工作。一般是行频脉冲没有到达行管基极,故障一般在行扫描前级
0 V	没工作。+12 V 供电通路有开路现象
15 V 左右	工作不正常。一般是行输出级负载过重造成的,常见的有: 1. 中压电路的整流滤波电路有故障 2. 行输出变压器不良 3. 自举升压电路中升压电容或升压二极管不良 4. 行管不良

3. 正常数据

要迅速检查出故障点,必须对电路中的一些正常数据要非常熟悉。表3-31列出了相关部分的正常数据。

表 3-31

行管 V_6			中　压		显像管座					
E	B	C	100 V	400 V	1,5	2	3	4	6	7
0	负压	27 V	80 V 左右	360 V 左右	0 V 左右	十几伏左右	12 V	0 V	80 V	0～400 V

三、任务完成过程

(一)验证几个常见故障

从故障现象判断故障是检修故障的基本功,而采集故障机数据是检修故障最有价值的参考。下面请大家按表3-32要求将表格填好,这不仅是任务,也是检修这类故障的重要资料。

表 3-32

验证点	故障现象	测量 V_6 数据		验证点	故障现象	测量显像管座数据		
		B	C			2 脚	5 脚	6 脚
R_{56} 开路				C_{70} 开路				
L_9 开路				R_{63} 开路				
L_{10} 开路				R_{41} 开路				
V_{D4} 开路				—	—	—	—	—
C_{61} 开路				—	—	—	—	—

说明:(1)C_{61}是"S"校正电容。它开路会使行偏转回路开路,如果是在成品机上会出现垂直一条亮线的故障。但我们现在还没有安装场扫描部分,故故障现象就是中央一个亮点,同时我们会发现,它开路对 V_6 的各极电压不会产生明显影响。

(2)C_{70}开路的故障现象是关机亮点。开机测显像管栅极(5脚)电压时与正常值无明显变化,但在关机瞬间,正常值为负压,而 C_{70} 开路后,关机瞬间就没有这个负压了。

(3)R_{63},R_{41}开路会使显像管阴极悬空,显像管中没有束电流,造成无光现象。但当我们测量显像管阴极电压时,屏幕就会发光,这是因为万用表的内阻将显像管的阴极与地接通,产生了束电流,这是阴极开路的典型现象,要记住。

(二)常见故障检测与排除

1. 屏幕不亮

我们这里说的屏幕不亮是指无论怎样调节亮度电位器,屏幕上都不亮。

（1）主要原因

屏幕不亮的主要原因见表3-33。

表3-33

主要原因	典型特征
行扫描前级有故障	V_6 基极无负压
V_6 集电极供电通路有开路	V_6 集电极电压为 0 V
灯丝供电电路开路	显像管灯丝不亮
阴极回路有开路	万用表测阴极电压时屏幕发光

（2）检查步骤

对于屏幕不亮的故障可按图3-15步骤进行检查。

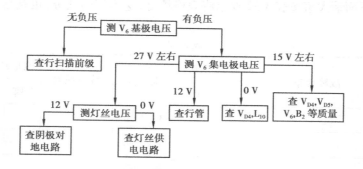

图3-15　屏幕不亮检修步骤图

2.屏幕只有中间一个亮点

这种现象说明显像管各极的电压基本正常,具备发光条件,只是行偏转线圈中没有锯齿波电流,不能完成行扫描,又因为我们现在还没有安装场扫描电路,所以也不能完成场扫描,电子就只能轰击在屏幕的中间,形成了一个亮点。这是行偏转回路有开路的典型故障,具体就是行线性 L_{11}、"S"校正电容 C_{61}、行偏转线圈 L_5 之一有开路造成的。

3.亮度调不暗

这种故障主要原因有 R_{40} 开路或阻值过大、W_7 有开路,因此,这两个元件是检查的重点。

4.关机后出现亮点

重点检查 V_{D9} 和 C_{70}。

任务评价

表 3-34   总分：

故障验证（72 分）	团队意识（10 分）	安全文明（10 分）	实训纪律（8 分）
表 3-32 中填对一格得 3 分			
得分			

任务七　认识场扫描电路

行扫描电路安装完成后,屏幕上虽然只有水平一条亮光,但这是希望之光,离电视机成品又进了一步。我们已经知道,电视机的扫描系统主要包含行扫描和场扫描两部分,这个任务就是要完成场扫描电路的安装与调试,当这部分电路安装调试完成后,就能使整个屏幕亮起来。

一、工作任务

（1）认识 μPC1031。

（2）认识 SQ352 机场扫描电路。

二、知识准备

（一）场扫描电路的作用及要求

1. 作用

（1）给场偏转线圈提供幅度足够、线性良好的锯齿波电流,在场偏转线圈中形成水平方向磁场,以完成垂直扫描,如图 3-16 所示。

（2）场逆程脉冲作消隐信号。

2. 要求

（1）稳定性好。

（2）线性良好。

（3）产生的锯齿波电流的正程 19 ms,逆程 1 ms。

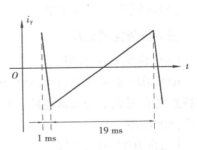

图 3-16　场偏转线圈中的锯齿波电流

（二）场扫描电路的组成

1. 组成框图

电视机的场扫描电路组成部分都很类似,图 3-17 是场扫描电路的组成框图,表 3-35 列出了框图中各部分的主要作用。

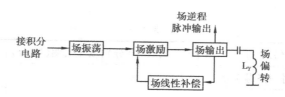

图 3-17　场扫描电路组成框图

表 3-35

场振荡	产生 50 Hz 场频锯齿波
场激励	放大锯齿波,推动场输出级 使输出级与推动级隔离
场输出	向场偏转线圈提供锯齿波电流 提供场逆程脉冲作消隐信号
线性补偿	对非线性失真的锯齿波电流进行补偿修正
场偏转线圈	锯齿波电流在场偏转线圈中产生水平磁场,完成垂直扫描

2. 场扫描电路的工作特点

(1)锯齿波形成于场振荡级。

(2)除振荡级工作在开关状态外,其余各极都工作在放大状态。

(3)场同步信号直接控制场振荡级,这种控制方式叫直接同步。

三、任务完成过程

(一)认识 μPC 1031

μPC1031 集成块是日本 NEC 公司专门为黑白电视机开发的场扫描专用集成块。其特点是它完成了场扫描电路所有功能,外围元件少,可靠性高,在黑白电视机中得到了广泛的应用。

1. μPC1031 主要功能

μPC1031 能够完成场振荡、场激励、场输出等功能,即它能完成场扫描的所有功能。

2. μPC1031 内部框图

如图 3-18 所示 μPC1031 的内部框图。

3. μPC1031 外形及引脚排列

μPC1031 的外形见图 3-19,它的引脚是 10 脚单列直插结构。如图 3-19 所示,其引脚排列规律是:

将引脚向下,型号标注面对观察者,最左边为第 1 脚,然后向右数依次为 2,3,…,

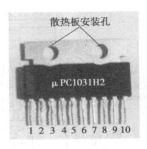

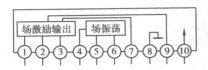

图 3-18 μPC1031 内部框图	图 3-19 μPC1031 外形图

10。这种规律具有一定的普遍性,今后我们遇到这种结构的集成块,引脚基本上都是按这种规律排列的。

4. μPC1031 的引脚功能

学习集成块构成的电路,首先要熟悉集成块的引脚功能。只有在熟悉了集成块的引脚功能后,才可能分析和理解电路的原理。表 3-36 列出了 μPC1031 各引脚的功能,大家要熟记。

表 3-36

引脚号	功　　能	引脚号	功　　能
1	场频锯齿波输出	6	场振荡定时端,外接定时元件
2	电源供电	7	场频锯齿波输入端
3	自举端,外接自举电容	8	接地
4	场振荡输出端,外接锯齿波形成电容	9	负反馈脚
5	场同步信号输入端	10	逆程脉冲箝位

5. μPC1031 各引脚典型电压值

表 3-37 列出了 μPC1031 各引脚典型电压值,它是判断 μPC1031 是否正常工作的重要依据。

表 3-37

脚　号	1	2	3	4	5	6	7	8	9	10
电压/V	5.8	12	10.8	10	0.6	2.5	5	0	6	12

(二)认识 SQ352 场扫描电路

1. 电路组成

图 3-20 是场扫描电路的原理图。从图中可以看出,它以一块 μPC1031 为核心而构成。μPC1031 完成了所有场扫描电路的功能,外围元件少,电路可靠性高。

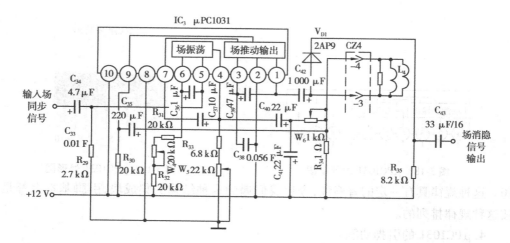

图 3-20　SQ352 场扫描电路

2. 外围主要元件的作用或名称（见表 3-38）

表 3-38

元件编号	作用或名称	元件编号	作用或名称
C_{34}	场同步信号引入	C_{37}	将场锯齿波耦合到场激励级
R_{29}	场振荡放电电阻	C_{38}	高频旁路电容
R_{30}	负反馈电路	C_{39}	自举升压电容
C_{35}		R_{34}	场线性补偿。其中，W_6 是线性补偿电位器，注意 C_{41} 既是锯齿波形成又是线性补偿
R_{31}	场振荡定时电阻，W_4 是场频调节，故也称场频电位器	C_{41}	
R_{32}		W_6	
W_4		C_{42}	输出耦合电容
C_{40}	锯齿波形成电容。其中，W_5 是场幅电位器	V_{D1}	消隐信号输出
C_{41}		C_{43}	
R_{33}		R_{35}	
W_5		L_4	场偏转线圈
C_{36}	场振荡电容		

3. 信号通路

（1）场锯齿波信号

$\mu PC1031$④ → C_{37} → $\mu PC1031$⑦ → $\mu PC1031$① → C_{42} → L_4（场偏转）→ R_{34} → 地。

（2）场逆程脉冲

$\mu PC1031$① → C_{42} → V_{D1} → C_{43} → 视放管发射极。

（3）场同步信号

积分电路→C_{34}→μPC1031⑤。

（三）任务完成情况记录

认识图 3-20 后，按表 3-39 要求完成记录。

表 3-39

电路认识	完成情况	遵守纪律情况
在图 3-20 中圈出场振荡定时元件		
在图 3-20 中圈出锯齿波形成元件		
在图 3-20 中用红笔勾出供电线路		
在图 3-20 中用蓝笔勾出锯齿波信号通路		
在图 3-20 中用黄笔勾出场逆程脉冲通路		
在图 3-20 中用绿笔勾出场同步信号通路		

任务评价

表 3-40   总分：

任务完成情况（84 分）		团队意识（6 分）	安全文明（5 分）	实训纪律（5 分）
表 3-39 中每完成一项得 14 分				
得分				

任务八　场扫描电路安装与调试

通过任务七，我们已经对 SQ352 机场扫描电路有了较为清晰的认识。本任务就是要对这个电路进行安装和调试。

一、工作任务

（1）元件清理与检测。

（2）电路安装与调试。

二、任务完成过程

（一）元件清理

请按表 3-41 清理好自己的元件。

表 3-41

元件编号	数量	参数或型号	元件编号	数量	参数或型号	元件编号	数量	参数或型号
R_{29}	1	2.7 kΩ	W_4	1	20 kΩ	C_{39}	1	47 μF/16 V
R_{30}	1	20 kΩ	W_5	1	22 kΩ	C_{40}	1	22 μF/16 V
R_{31}	1	20 kΩ	W_6	1	1 kΩ	C_{41}	1	22 μF/16 V
R_{32}	1	20 kΩ	C_{35}	1	100 μF/16 V	C_{42}	1	1 000 μF/16 V
R_{33}	1	6.8 kΩ	C_{36}	1	1 μF/16 V（钽电容）	C_{43}	1	33 μF/16 V
R_{34}	1	1 Ω	C_{37}	1	10 μF/16 V	V_{D1}	1	2AP9 或 1N4148
R_{35}	1	8.2 kΩ	C_{38}	1	0.056 μF	IC_3	1	μPC1031

（二）元件检测

（1）对电阻电容的检测与前面讲的方法相同。

（2）特别要注意检查 C_{36} 的漏电情况,因为它漏电大会使振荡不稳定,故检测时其漏电电阻越大越好。

（3）W_4 是场频电位器。检测时可将万用表置 R×1 kΩ 挡,首先测量总电阻是否与标称值相符,然后分别测中间脚与其余两脚电阻,同时匀速转动手柄,表针应匀速偏转,若出现跳动的现象,说明有存在接触不良现象。

（三）电路安装

（1）阻容元件安装与前面的安装方法和要求一样。

（2）安装 μPC1031 时注意两点:

①注意不要将集成块插反,集成块的 1 号脚对应印刷版的 1 号位置。

②由于集成块的引脚较密集,焊接时一定不能将相邻两个焊点短路,必要时可用 R×1 Ω 挡测量一下,方法是测相邻两点间的阻值,若电阻为零则表示短路,应立即排除。

（四）电路调试

元件安装完成后就可以进行调试了。调试之前我们再回顾一下 μPC1031 各引脚的正常电压值（表 3-37 中各引脚正常电压值）。调试步骤可按表 3-42 中的步骤进行。

表 3-42

步　骤	操　　　作	目　　的
第 1 步	检查电路有无安装错误,若有错应立即改正	保证元件安装正确
第 2 步	复查电源是否为 12 V	确保电源电压正确,以免走弯路
第 3 步	测场扫描供电电流测试口电流,应在 200 mA 左右(此电流口除供场扫描电路外,还给行激励和行振荡供电。实际场扫描电路的电流在 150 mA 左右)。若超过这个值较多,应检查排除 电流测试口	保证电路工作基本正常,以免通电后损坏集成块
第 4 步	封住电流测试口,这时观察屏幕应出现光栅	给场扫描电路供电
第 5 步	测集成块 1 脚电压,正常应在 5.8 V 左右	检查场输出级是否正常
第 6 步	测集成块 5 脚电压,正常应在 0.6 V 左右	检查场振荡电路是否正常
第 7 步	测集成块 6 脚电压,正常应在 2 ~ 3 V	
第 8 步	测集成块 4 脚电压,正常应在 10 V 左右	检查锯齿波形成电路是否正常
第 9 步	调 W_6,使扫描线疏密一致	使场线性良好
第 10 步	调 W_5,使光栅拉满整个屏幕	让光栅幅度拉满屏幕

(五)任务完成记录

完成调试后,请将 μPC1031 各脚电压值填入表 3-43。

表 3-43

任务完成情况	μPC1031 引脚电压测试										遵守纪律情况
调试是否独立完成	1	2	3	4	5	6	7	8	9	10	
整体效果											

经过上面的调试,扫描系统的安装调试则基本完成,整个屏幕也亮了起来,离电视机重现图像又近了一步,是不是有点兴奋,但我们必须继续努力,坚持完成后面的工作,才能最终达到目的。

任务评价

表3-44   总分：

安装调试情况（50分）		µPC1031 引脚电压测试（20分）	团队意识（10分）
独立完成	（40分）	表3-43 中完成一个数据得2分	安全文明（10分）
非独立完成	（30分）	得分	实训纪律（10分）
整体效果	（10分）		

任务九　认识并排除场扫描电路常见故障

场扫描电路的故障主要有水平一条亮线、场幅不满、场线性不良等几种类型。下面我们就来认识这几种故障。

一、工作任务

（1）验证几种常见故障。

（2）认识并排除几种常见故障。

二、知识准备

（一）µPC1031 场扫描电路关键脚电压

1.②脚电压

②脚是 µPC1031 的 12 V 电源引脚，它的电压正常与否，直接影响集成块的工作。

2.①脚电压

①脚是 µPC1031 的输出脚，正常时电压为电源电压的一半左右，即 5.8 V 左右。当它上面的电压偏离太多时就有可能是集成块或输出耦合电容损坏。

3.⑥脚电压

⑥脚是 µPC1031 场振荡外接定时元件的引脚，它上面的电压可反映出场振荡的工作情况。正常时该脚上的电压为 2.5 V 左右，当它上面的电压偏离较多时可检查其外围定时元件和集成块的质量。

4.④脚电压

④脚外接锯齿波形成电路，正常电压为 10 V 左右。当该脚上电压偏离较多时，表明锯齿波形成电路工作不正常。

（二）场扫描电路常见故障分析

场扫描部分除场振荡外，其余各级都工作在放大状态。因此，在检查水平一条亮线的故障时用信号注入法是比较奏效的。对本机来说，具体操作方法是用镊子反复碰触 µPC1031⑦脚，同时注意观察屏幕，如果亮线展宽，说明激励级和输出级基本是正常的，故障在振荡或锯齿波形成电路；如果亮线不展宽，故障多可能在激励或场输出电路。

三、任务完成过程

(一)故障验证

为了掌握常见故障的数据,请按要求认真填写表3-45,并将这些数据与表3-43中数据比较,看有什么差别。

表3-45

验证项目		故障现象	μPC1031 各脚电压									
			1	2	3	4	5	6	7	8	9	10
偏转回路	R34 开路												
	C42 开路												
	L4 开路												
场振荡	R29 开路												
	R31 开路												
	R32 开路												
	C36 开路												
耦合	C37 开路												

(二)常见故障检修

1.水平一条亮线

水平一条亮线是场偏转线圈中没有场锯齿波电流的一种现象,如图3-21所示。

(1)主要原因

不知大家注意到没有,上面我们验证的几个故障现象都是水平亮线,表3-46列出了产生这种故障的主要原因。

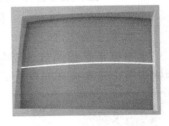

图3-21 水平一条亮线

表3-46

主要原因		说 明
偏转回路	C_{42} 开路	这3个元件都是场偏转回路中的元件,当它们任意一个开路时场偏转回路中就没有锯齿波电流,出现水平一条亮线的故障
	R_{34} 开路	
	L_4 开路	
场振荡电路	R_{31} 开路	R_{31},R_{32},W_4,C_{36}是场振荡电路的定时元件,只要有任何一个有开路,电路就不会起振,就会出现水平一条亮线的故障 R_{29}是场振荡电路的放电电阻,当它发生开路时电路也不会起振,出现水平一条亮线的故障
	R_{32} 开路	
	W_4 开路	
	C_{36} 开路	
	R_{29} 开路	
信号耦合	C_{37} 开路	C_{37}开路时,场振荡级的信号不能到达场输出级

（2）检查步骤

根据表 3-46 所列出的原因，水平亮线故障可按图 3-22 的步骤进行检查，步骤中用镊子碰触⑦脚的方法称为信号注入法，这种方法用于有信号的通路上有一定的效果。此外，集成块的①脚电压就是输出级功放的中点电压，正常应在 5.8 V 左右，当它低于 5.8 V 较多时，一般都是集成块坏了。当它高于 5.8 V 较多时，一个可能是 C_{42} 漏电，另一个可能也是集成块损坏。

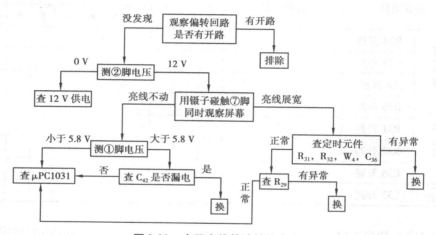

图 3-22　水平亮线故障检修步骤

2. 水平一条亮带

水平亮带是指调节场幅电位器 W_4 不能使光栅场幅满屏的故障，它是场偏转线圈中锯齿波电流幅度不足的表现（见图 3-23）。

图 3-23　水平亮带

通常有以下 4 个原因：

（1）供电电压低于 12 V。

（2）R_{34} 变大。

（3）场输出耦合电容 C_{42} 容量不足。

（4）集成块不良。

检查这类故障时应按照由易到难的原则，即依次查电源电压，R_{34}，C_{42}，集成块。

3. 场线性不良

由于现在通道部分还没有安装，电视机还不能接收图像，线性是否良好就只能观察光栅扫描线是否均匀来判断。线性不良主要是指扫描线在屏幕上出现上疏下密或上密下疏的现象。检查这类故障主要从场线性补偿电路和锯齿波形成电路入手。

场扫描电路的故障不如行扫描电路故障有规律，往往互相牵扯。当 C_{42} 容量减小时，除了场幅不满（水平亮带）还可能伴随线性不良的现象，这就需要我们不断探索，不断积累经验，遇到这类故障检修时才能得心应手。

任务评价

表 3-47　　　　　　　　　　　　　　　　总分：

故障验证(80 分)表 3-45 中每个数据 1 分	故障检修(10 分)		安全文明(2 分)	
	故障现象(2 分)		团队意识(4 分)	
	检修过程(6 分)		实训纪律(4 分)	
得分：				
	故障元件(2 分)			

任务十　安装幅度分离和积分电路

本来扫描系统中的同步分离级包含幅度分离、AFC 电路、积分电路 3 个部分,但为了实训的方便,安装行扫描前级时已经完成了 AFC 电路的安装,故到目前为止,扫描系统就只剩下幅度分离和积分电路没有安装了。下面我们就来完成这一任务。

一、工作任务

(1)认识幅度分离和积分电路。

(2)安装幅度分离电路和积分电路。

二、知识准备

(一)同步分离的作用

(1)从视频信号中分离出复合同步信号。

(2)从复合同步信号中分离出场同步信号和行同步信号,分别去控制场振荡和行振荡电路,使它们的振荡频率与电视台的行场同步信号频率一致。

(二)同步分离电路的组成

同步分离电路的组成框图见图 3-24 所示。

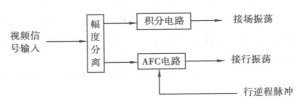

图 3-24　同步分离组成框图

（1）同步分离电路的输入信号是视频信号，一般接自动消噪（ANC）电路。

（2）各部分电路作用如下：

幅度分离：从视频信号中分离出复合同步信号。

积分电路：从复合同步信号中分离出场同步信号去控制场振荡。

AFC 电路：将行同步信号与行逆程脉冲信号进行比较，输出 AFC 电压去控制行振荡电路。

三、任务完成过程

（一）电路认识

（1）图 3-25 是 SQ352 机幅度分离和积分电路。

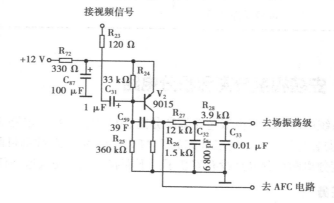

图 3-25　幅度分离和积分电路

（2）主要元件作用或名称，见表 3-48。

表 3-48

元件编号	作用或名称	元件编号	作用或名称
R_{72}	电源滤波	R_{25}	偏置电阻，提高分离灵敏度
C_{87}		R_{26}	集电极负载电阻
R_{23}	隔离电阻。减小幅度分离与预视放级的相互影响	C_{59}	负反馈，减小高频干扰
V_2	幅度分离管	R_{27}	构成两节积分电路，从复合同步信号中分离出场同步信号
C_{31} R_{24}	与 V_2 发射结构成箝位电路，使输出的同步信号幅度整齐，同时 C_{31} 也起着信号耦合的作用	R_{28} C_{32} C_{33}	

（3）电路中输入的视频信号是同步头向下的正极性电视信号。输入视频信号的极性主要是以同步头到来时幅度分离管导通为原则。

(4)幅度分离是利用同步信号幅度最大的特点将同步信号分离出来的。分离过程就是当同步信号到来时幅度分离管 V_2 导通，V_2 集电极输出高电平（同步信号），同步信号过后，V_2 截止，集电极输出低电平，这样就将复合同步信号从视频信号中分离了出来。从分离原理来看，V_2 可以不加偏置，但经实践证明，给 V_2 加上适当偏置，让 V_2 静态时处于微导通状态可以提高分离灵敏度，但图 3-25 中 R_{25} 一定不能太小，否则将使 V_2 进入放大状态，这样就分离不出同步信号。

(5)积分电路是利用场同步信号的脉冲宽度远大于行同步信号的脉冲宽度来实现分离的。矩形脉冲经过积分电路要将其变形成锯齿波，由于场同步信号的脉冲宽度远大于行同步信号的脉冲宽度，因此，输出的场同步信号锯齿波幅度就远大于行同步信号锯齿波的幅度，从而实现分离（见图 3-26）。实际电路中往往采用两节积分电路进行分离，这主要是为了分离得更干净。

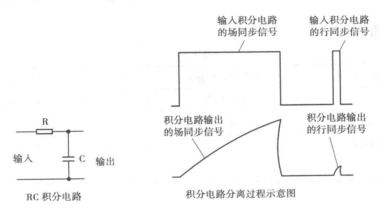

图 3-26　场同步信号分离示意图

(二)元件清理

元件清理按表 3-49 进行。

表 3-49

元件编号	数量	元件参数或型号	元件编号	数量	元件参数或型号	元件编号	数量	元件参数或型号
R_{23}	1	120 Ω	R_{28}	1	3.9 kΩ	C_{59}	1	39 pF
R_{24}	1	33 kΩ	R_{72}	1	330 Ω	C_{87}	1	100 μF/16 V
R_{25}	1	360 kΩ	C_{31}	1	1 μF/16 V	V_2	1	9015
R_{26}	1	1.5 kΩ	C_{32}	1	6 800 pF			
R_{27}	1	12 kΩ	C_{33}	1	0.01 μF			

（三）元件检测

这个电路虽然简单,但元件检测这个环节依然不能省略。阻容元件还是按原来的方法进行检测,值得注意的是 V_2 是 PNP 型管,这也是整个电视机中唯一的一个 PNP 型管。检测时与 NPN 型管类似,只是要将红黑表笔对调。此外,C_{31} 这个电容要求漏电越小越好,检测时应注意。

（四）元件安装

这部分电路的安装没有特殊要求,只要安装无误即可。

（五）电路调试

只要安装无误,这部分电路一般无须调试,只要测量一下 V_2 各极电压,并与表3-50 中的参数比较,若相差不大即可。

表3-50

V₂ 各极电压		
E	B	C
10.7 V	10.2 V	1.2 ~ 1.7 V

任务评价

表3-51

电路认识（20 分）	参数测试（18 分）			电路安装（62 分）	
	V₂ 各极电压			焊点质量（15 分）	整体效果（16 分）
在图 3-25 中分别将幅度分离和积分电路圈出来	E	B	C		
				团队意识（15 分）	安全文明（16 分）

项目四 黑白电视机信号系统安装与调试

[知识目标]

- 认识 SQ352 机公共通道。
- 认识 SQ352 机伴音通道。

[技能目标]

- 完成信号系统的安装与调试。
- 会处理调试中出现的常见故障。

信号系统主要由公共通道、视频放大、伴音通道 3 部分组成,这 3 部分电路安装调试完成后,整个电视机的安装调试就大功告成了。在此项目,我们将分别完成这 3 部分电路的安装与调试。

任务一　认识公共通道

一、工作任务

(1)认识 μPC1366。

(2)认识 SQ352 机公共通道。

二、知识准备

(一)公共通道的作用要求

1. 作用

(1)选出所需电视台节目信号。

(2)对选出的电视台节目信号进行变频、中放、检波等处理。

2. 公共通道主要要求

(1)选择性好。

(2)增益要高。一般高频调谐器的增益要求 20 dB,中放的增益要求 50 ~ 60 dB。

(3)带宽要足够。一般中放的带宽要求 5 MHz。

(4)有良好的 AGC 控制作用。

(二)公共通道的组成

我们知道,电视机的公共通道,就是图像信号和伴音信号共同通过的电路。图 4-1 是黑白电视机公共通道的框图,其各部分的主要作用见表 4-1。

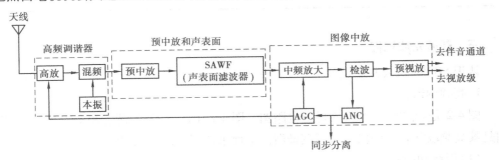

图 4-1　公共通道组成框图

表 4-1

		主要作用
高频调谐器	高放	对输入回路选出的电视台节目信号进行放大
	本振	产生等幅正弦波信号,这个信号频率比电视台信号频率高一个固定图像中频(38 MHz)
	混频	将本振信号与电视台信号差出 38 MHz 图像中频和 31.5 MHz 伴音第一中频信号混频

续表

		主要作用
预中放和声表面	预中放	由于电路采用了声表面滤波器,它有 20 dB 的插入损耗,预中放的作用就是要补偿这个损耗,因此,它增益设计成 20 dB 左右
	声表面滤波器	完成中放曲线。声表面滤波器取代了 30 MHz,31.5 MHz,39.5 MHz 3 个吸收回路和一个 38 MHz 的谐振回路,做到了中放曲线无调试
图像中放	中频放大	放大中频信号,一般增益设计为 50~60 dB
	检波	1. 从中频信号中检出视频信号 2. 将图像中频与伴音第一中频差出 6.5 MHz 的伴音第二中频信号检波
	预视放	1. 放大视频信号 2. 将视频信号与伴音第二中频信号分离开
	ANC	减小干扰,使图像稳定
	AGC	当电视节目信号较弱时,中放和高放都处于高增益状态,当电视节目信号强时,AGC 电路能使中放甚至高放的增益降低,使检波输出的视频信号的幅度比较稳定

三、任务完成过程

认识 SQ352 机公共通道:

1. 高频调谐器

图 4-2 是 SQ352 机的公共通道电路图。图 4-2 中的 VHF 调谐器和 UHF 调谐器分别是甚高频段和超高频段的高频调谐器。下面来认识 VHF 调谐器。

(1)引线和插孔

图 4-3 是 VHF 高频调谐器的外形图,对于它的认识,几根引线和两个插孔在图 4-3 中有较为明确的标注。其中,U 头电源线较短,是 UHF 高频调谐器的供电引线,只有当 VHF 调谐器转到"U"位置时才对 UHF 高频调谐器供电。同轴电缆线的屏蔽层接地,芯线是中频信号的输出线。+12 V 电源线是红色,AGC 线是蓝色或其他色。

(2)微调齿轮

微调旋钮与微调齿轮连接,转动微调旋钮时微调齿轮带动调谐器本振线圈中铜芯位置发生改变,以改变本振线圈的电感量来使本振频率更准确。

2. 中放电路

如图 4-2 所示,本机的中放电路是以 μPC1366 为核心构成的,要认识这个电路首先要认识这个集成块。

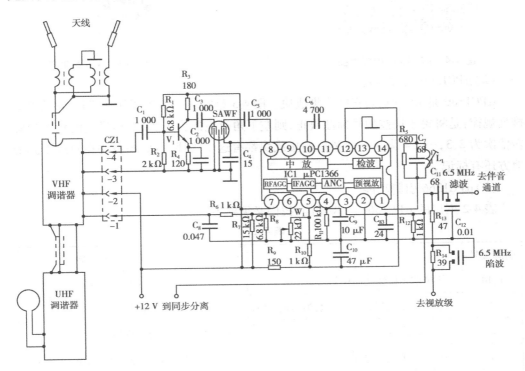

图 4-2　SQ352 机公共通道

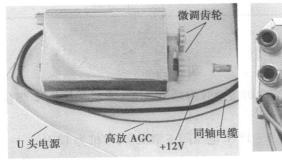

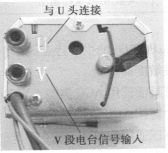

图 4-3　VHF 高频调谐器

(1) μPC1366 功能

μPC1366 是日本 NEC 公专门为黑白电视机开发的通道专用集成块。它能完成图像中放、视频检波、预视放、噪声抑制(ANC)、中放 AGC(IFAGC)、高放 AGC(RFAGC)

等功能,图 4-4 是它的内部框图。

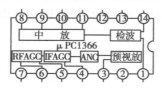

图 4-4　μPC1366 内部框图

图 4-5　μPC1366 外形图

（2）μPC1366 引脚排列

μPC1366 是 14 脚双列直插式集成块。图 4-5 是它的外形图,图中标明了它的引脚排列规律:是将集成块按型号标注放正,则左下角对应的为 1 脚,然后沿逆时针方向旋转依次为 2,3,…,14 脚。一般类似的集成块都有这个规律,有的集成块在对应 1 脚的地方还有标记。

（3）μPC1366 引脚功能

表 4-2 列出的 μPC1366 引脚功能,我们必须熟悉它。

表 4-2

引脚编号	引脚功能	引脚编号	引脚功能
1,14	外接视频检波选频网络	7	+12 V 电源输入
2	AGC 类型选择,本机接地,为峰值 AGC	8,9	中频信号输入
3	预视放输出	10,11	直流负反馈滤波
4	中放 AGC 滤波引脚	12	图像中放电源,内接 7 V 稳压
5	高放 AGC 延迟量调节	13	地
6	高放 AGC 电压输出		

（4）μPC1366 的主要特点

①灵敏度高。

②可灵活选用 AGC 类型。当 2 脚接地时为峰值 AGC（本机采用）,2 脚接行逆程脉冲时为键控 AGC。

③电压适应范围宽。可在 7.5～15 V 电压间正常工作,本机为 12 V。

④外围元件少。

3.实习机公共通道

（1）电路组成

图 4-2 是实习机公共通道,其主要元器件作用或名称见表 4-3。

表 4-3

元件编号	主要作用或名称	元件编号	主要作用或名称
天线	接收电视台信号	C_{83}	高频旁路电容
VHF	选出 V 段某电台信号并行放大和变频处理。输出 38 MHz 图像中频信号和 31.5 MHz 第一伴音中频信号	SAWF	声表面滤波器,完成中放曲线
UHF	选出 U 段某电台信号并进行变频处理	$L_{6.5}$滤波	选出 6.5 MHz 第二伴音中频信号
C_1	耦合	R_{13}	隔离电阻
R_1	构成预中放。其目的是不补偿声表面滤波器的衰减,一般设计增益为 20 dB	R_{12}	视频输出分载电阻
R_2		6.5 MHz 陷波,R_{14}	滤除 6.5 MHz 第二伴音中频信号,将视频信号送到视放级
R_3			
R_4		R_6	高放 AGC 电压滤波
C_2		C_8	
V_1		R_{10}	高放 AGC 延迟量调整
C_2		W_1	
C_4	交流旁路电容	R_{11}	中放 AGC 滤波电路
C_5	信号耦合	C_9	
C_6	交流滤波	R_9	电源滤波
R_5	视频检波选频网络	C_{10}	
C_7		C_{11}	耦合
L_1		IC_1	图像中放、检波、预视放、AGC,ANC
R_7	分压提供高放 AGC 静态电压		
R_8			

(2)通道中的几个专用元件

①认识声表面滤波器(SAWF)

图 4-6 是声表面滤波器的外形图。它免除了中放曲线的调试工作,能够一次形成

图4-6　声表面滤波器外形图

中放曲线。其缺点是对信号有一定的损耗，因此，一般都在它的前面增加一级放大电路，以补偿它的插入损耗，通常把这一级放大电路称为预中放。

②中周

图4-7就是中周的外形图。它在电路中与一个68 pF的电容器构成并联谐振回路，调节中周的磁芯可使其谐振于38 MHz，形成同步检波的开关信号。这个元件有人也将它称为中频变压器。

③滤波器和陷波器

图4-8是滤波器与陷波器的外形图。这两个元件外形十分相似，只是滤波器一般标注的是"LT6.5 M"，陷波器上标注的是"XT6.5 M"。滤波器是只让6.5 MHz信号通过，而陷波器是不让6.5 MHz的信号通过，所以两者不能互换。

图4-7　中周外形图

（a）6.5 M滤波器　（b）6.5 M陷波器

图4-8　滤波器与陷波器

（3）几个信号的流程

①38 MHz图像中频和31.5 MHz第一伴音中频信号

如图4-2所示，中频信号从V段高频调谐器同轴电缆芯线→C_1→V_1基极→V_1集电极→C_3→SAWF→C_5→μPC1366⑧脚。

②视频信号

μPC1366③脚→R_{13}→R_{14}，6.5 MHz陷波→视放级。

μPC1366③脚→同步分离级。

③伴音第二中频信号

μPC1366③脚→C_{11}→6.5 MHz滤波→伴音通道。

（4）供电通路

①+12 V供电

+12 V 电源→μPC1366⑦脚。这个电源主要是供预视放等电路用的。

② +7 V 供电

+12 V 电源→R_9→μPC1366⑫脚。这个电源主要供中放等电路用。

（5）电路中的两个调整点

①W_1

W_1 是高放 AGC 延迟量的调整。一般是调整 W_1 使 μPC1366⑤脚为 6 V，这个电压越高则高放延迟量越大，过高会引起图像不稳定，反之会使高放级增益下降。

②L_1

L_1 与 C_7 构成并联谐振回路，调整 L_1 使电路谐振于 38 MHz，完成同步检波。

任务评价

表 4-4 总分：

电路认识（60 分，每项 15 分）	其他素质（40 分）	
在图 4-2 中用红色将电源的正极线路勾画出来	团队意识	（15 分）
用蓝色将图 4-2 中的中频信号线路勾画出来	安全文明	（10 分）
用绿色将图 4-2 中的视频信号线路勾画出来	实训纪律	（15 分）
用黄色将图 4-2 中高放 AGC 电压通路勾画出来	——	——

任务二 公共通道安装与调试

在任务一中，我们已经对本机的公共通道有了一定的认识，下面就可以对它进行安装和调试了。

一、工作任务

（1）元件的清理与检测。

（2）安装调试公共通道。

二、任务完成过程

（一）清理和检测元件

1. 请按表 4-5 清理好自己的元件（表中只是电路板上的元件，高频调谐器已经安装在机壳上了）

表 4-5

元件编号	数量	参数或型号	元件编号	数量	参数或型号	元件编号	数量	参数或型号
R_1	1	6.8 kΩ	R_{13}	1	47 Ω	C_8	1	0.047 μF
R_2	1	2 kΩ	R_{14}	1	39 Ω	C_9	1	10 μF/16 V
R_3	1	180 Ω	R_{15}	1	1 kΩ	C_{10}	1	47 μF/16 V
R_4	1	120 Ω	R_{22}	1	15 Ω	C_{11}	1	68 pF
R_5	1	680 Ω	W_1	1	22 kΩ	C_{28}	1	100 μF/16 V
R_6	1	1 kΩ	C_1	1	1 000 pF	C_{29}	1	0.01 μF
R_7	1	15 kΩ	C_2	1	1 000 pF	SAWF	1	38 MHz
R_8	1	6.8 kΩ	C_3	1	1 000 pF	L_1	1	—
R_9	1	150 Ω	C_4	1	15 pF	IC_1	1	μPC1366
R_{10}	1	1 kΩ	C_5	1	1 000 pF	V_1	1	9018
R_{11}	1	100 kΩ	C_6	1	4 700 pF	6.5 滤波	1	LT6.5 MB
R_{12}	1	1 kΩ	C_7	1	68 pF	6.5 陷波	1	XT6.5 MB

注意：V_1 是高频管，不能用 9013，9014 等其他三极管代替。

2. 元件的检测

（1）三极管、阻容元件的检测方法与前面所讲完全相同。

（2）SAWF，6.5 滤波器，6.5 陷波器的引脚间用万用表测量时阻值均为无穷大，若表针有摆动，则说明有漏电，不宜使用。

（二）电路元件安装

（1）三极管、阻容元件的安装方法及要求都与以前相同。

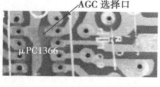
AGC 选择口
μPC1366

图 4-9　AGC 种类选择口

（2）6.5 滤波器和 6.5 陷波器的中间脚必须接地，边上的两只脚不分极性。

（3）在安装 μPC1366 时注意引脚间不要有搭焊的现象，将图 4-9 中的 AGC 选择口封住，使电路成为峰值 AGC。

（4）L_1 的外壳有屏蔽作用，故它的外壳必须接地。

（5）将高频调谐器各条引线接入电路。

（三）电路调试

由于本机电路集成化程度较高，只要对元件的检测到位，安装无误，焊接可靠，调试的工作量很少，只要你按下面的步骤进行就能成功，调试请按表 4-6 进行。

表 4-6

调试步骤	操 作	目 的
第 1 步	仔细检查电路有无错装、漏装元件,检查各焊点是否可靠	保证安装的正确性和可靠性
第 2 步	复查稳压电源输出是否为 12 V	保证供电电压正确
第 3 步	测电流测试口电流,正常时电流应在 70 mA 左右 W₁ 电流测试口	确定电流是否正常
第 4 步	电流正常就封住电流测试口,不正常就检查电路是否有错	接通 IC₁ 的供电电路
第 5 步	调 W₁ 使 IC₁⑤脚为 6 V	调节高放 AGC 延迟量

第 6 步	测 IC₁ 各引脚电压,其典型值见右表					检查 IC₁ 各引脚电压是否正常,以确定集成块是否工作正常
		脚号	电压	脚号	电压	
		1	8.7 V	8	5.5 V	
		2	0 V	9	5.5 V	
		3	3 V	10	5.6 V	
		4	2 V	11	5.6 V	
		5	6 V	12	7 V	
		6	3 V	13	0 V	
		7	11 V	14	8.7 V	

注意:(1)表 4-6 中 μPC1366 各引脚的电压值仅供参考,实际测量时可能有些差异,但只要相差不大,就是正常的。

(2)μPC1366 有几个脚的电压比较关键:

①供电脚⑦脚和⑫脚。它们电压是否正常直接影响整个集成块的工作。

②AGC 延迟量调整脚⑤。这只脚的电压由 W₁ 确定,过高可能出现图像不稳定,过低则会使灵敏度降低。

③③脚电压。这个电压能反映预视放级工作是否正常,同时它又是给视放级提供偏置的,所以它是否正常,直接影响视放级的工作。

（四）完成任务记录

完成调试后按要求填写表4-7。

表4-7

元件清理与检测		电路安装与调试							
元件数量	将缺少的元件记录下来	安装中出现的问题							
		μPC1366 各引脚电压	1	2	3	4	5	6	7
元件质量	将有问题元件记录下来		8	9	10	11	12	13	14

任务评价

表4-8

安装调试(68分)			安全文明 （10分）	团队意识 （10分）	实训纪律 （12分）
焊点质量	（20分）				
安装工艺	（20分）				
测量数据（以表4-7中数据为依据）	（28分）				

任务三 认识并安装视放电路

视频放大电路就是对视频信号进行放大,放大原理与以前所学的放大电路没什么区别,但由于工作条件和要求有其特殊性,因此,在电路结构上也有它独特的地方。

一、工作任务

（1）认识实习机视频电路。

（2）安装和调试视频电路。

二、知识准备

（一）视放电路的作用和要求

1. 作用

放大视频信号。

2.要求

(1)电压增益:34～38 dB(即电压放大倍数为50～80倍)。

(2)频带宽度:

甲级机:0～6 MHz。

乙级机:50 Hz～5 MHz。

(3)灰度失真小,具体说就是要能重现出8个灰度等级。

(4)有对比度控制。

(5)极性要正确。

具体来说,就是当显像管接成栅极调制时要求视放级输入负极性电视信号,当显像管接成阴极调制时要求视放级输入正极性电视信号,如图4-10所示。现在一般都采用阴极调制,本机也不例外地接成阴极调制。

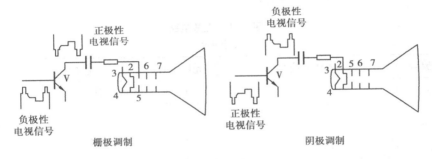

图4-10 显像管的两种调制方式

(6)不能有6.5 MHz伴音信号的干扰。

(二)视放电路中的几个特殊的地方

1.集电极供电电压高

普通放大器的供电电压只有几伏到十几伏,而视放级的负载是显像管,它需要几十伏的调制电压,因此,视放级的集电极供电电压一般需要80 V左右,黑白电视机通常都采用100 V中压给它供电。

2.接有对比度控制。

3.有高频补偿电路。

由于要求视频放大的带宽至少在5 MHz以上,一般不加补偿的放大电路是难以实现的,因此,视频放大都需要加有高频补偿电路。

三、任务完成过程

(一)电路认识

1.视频放大电路

图4-11是SQ352机的视频放大电路。它看上去与普通放大电路有较大的区别,这都是因为对视放电路的特殊要求所产生的。

2. 电路中元件的主要作用或名称

元件作用或名称见表4-9。

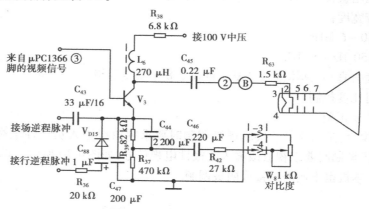

图4-11　视放电路

表4-9

元件编号	主要作用或名称	元件编号	主要作用或名称
R_{37}	负反馈	R_{38}	集电极限流
R_{39}		R_{63}	隔离
L_6	高频补偿	C_{45}	视频信号耦合
V_3	视放管	R_{42}	
C_{44}	高频补偿	W_8	对比度控制
C_{47}		C_{40}	

3. 与普通放大电路不同的地方

（1）集电极供电

视放级的负载是显像管，一般黑白显像管的调制电压为 $50\sim80V_{PP}$，故它的集电极采用100 V中压供电。

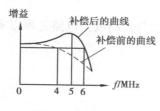

图4-12　视放曲线

（2）高频补偿电路

我们知道，视频信号的带宽应不小于 5 MHz，电路中设有高频补偿电路。图4-11中 R_{37} 和 R_{39} 具有负反馈作用，降低了视放级的放大倍数。并接 C_{44} 和 C_{47} 后，由于它们的容量较小，对高频信号容抗小，对低频信号容抗大，使 R_{37}，R_{39} 对高频信号反馈量小，对低频信号反馈量大，这就等效补偿了高频。此外，L_6 与视放管 V_3 的集电极对地分布电容构成 LC 并联谐振电路，设计让它的谐振频率为 5 MHz 附近。由于谐振时 LC 两端的阻抗最高，因此电压也最高，起到补偿高频的作用，其补偿曲线见

图 4-12。

（3）对比度控制

对比度是指屏幕最大亮度与最小亮度之比。实际电路其实是在调整视放级的增益。如前所述，R_{37} 具有负反馈的作用，而 C_{46} 与 R_{42}，W_8 串联后与 R_{37} 并联。改变 W_8 的阻值就改变了负反馈量，达到控制视放级增益的目的。图 4-11 中 W_8 的滑动臂越向上滑，反馈量越小，V_3 增益越高，对比度越大。

（4）行场消隐

图 4-11 中，行场逆程脉冲都加到 V_3 的发射极，当逆程脉冲到来时，V_3 发射极电压升高截止，集电极电压升高，使显像管的阴极电压升高而截止，达到消隐的目的。

（5）视放与 μPC1366 之间采用直接耦合

视放管基极与 μPC1366 ③脚间的连接没有隔直电容，μPC1366 ③脚电压也就是视放管的偏压，当 μPC1366 ③脚电压不正常时，视放管也不能正常工作。

（二）元件清理与检测

1. 元件清理

元件清理按表 4-10 进行。

表 4-10

元件编号	数量	参数或型号	元件编号	数量	参数或型号	元件编号	数量	参数或型号
R_{37}	1	470 Ω	R_{63}	1	1.5 kΩ	C_{45}	1	0.22 μF
R_{38}	1	6.8 kΩ	W_8	1	1 kΩ	C_{47}	1	200 pF
R_{39}	1	82 Ω	C_{40}	1	220 μF	V_3	1	2N5551
R_{42}	1	27 Ω	C_{44}	1	2 200 pF	L_6	1	270 μH

2. 元件检测

（1）阻容元件的检测方法与前面的检测方法一样。

（2）V_3 是视频放大管，配用的管子型号为 2N5551，这管子的主要参数是：

集电极反向击穿电压 U_{ceo}：160 V

集电极最大允许电流 I_{cm}：0.6 A

集电极最大允许耗散功率 P_{cm}：0.625 W

它不能用 9013，9014 等管子代替，但可以用 3DA87A，C2230，C2228 等代替。总之，要参数相当的才能代换。

（三）电路安装与调试

视放级电路没有什么特殊的地方，只要按原来的方法照图施工就行。但值得注意的是 W_8 的接线，因为一般的习惯是旋钮顺时针旋转对比度增加，故注意不要接反了。

（四）电路调试

1. 调试步骤

视放级本身的调试很简单，只是视放级安装调试完成后，公共通道又有需要调试的项目。下面我们就按表中的步骤进行调试。

表 4-11

调试步骤	操　　作				目　　的
第 1 步	仔细检查电路元件安装是否正确				保证元件安装正确
第 2 步	测 V_3 各极电压,典型值右表	E	B	C	检查 V_3 工作点是否正常
		2 V	2.5 V	65 V	
第 3 步	观察屏幕上应有噪波点				判断公共通道和视放级工作是否正常
第 4 步	接上闭路信号,调高频头旋钮,选择接收一个信号较好的电视台节目,调节高频头微调,使图像最好				确保高频头选台准确
第 5 步	用无感螺丝刀调 L_1 的磁芯,使图像最清晰				使 L_1 和 C_7 构成的谐振网络谐振于 38 MHz,输出的视频信号最强

2. 几点说明

(1)表 4-11 中第 5 步所用的无感螺丝刀可在电子市场上买到,也可用硬塑料或竹筷自制。

(2)L_1 的磁芯很脆,调试时要特别注意不要将其调破。

(3)为了使 L_1 准确谐振在 38 MHz,工厂用专门的仪器(如扫频仪)进行调试。如果你也希望调得准确一点,可采用下面的方法试试:

①接收一个信号较强的电视台节目,调节高频头微调,使图像最好。

②万用表测 μPC1366 ④脚电压,同时调节 L_1,这时 μPC1366 ④脚电压将有所变化,当 μPC1366 ④脚电压最大时,表明 L_1 已经准确地谐振在 38 MHz 的中频上了。

(五)完成任务记录

在完成任务的同时,请认真填写表 4-12。

表 4-12

元件清理与检测		电路安装与调试			
元件数据	填出缺损数	V_3 各极电压	E	B	C
		图像质量			
元件质量	填出问题元件	μPC1366 相关脚动态电压(接收信号时电压)	3 脚	4 脚	6 脚

任务评价

表4-13   总分：

安装与调试(70分)		其他(30分)	
数据测量(表4-12中每个数据5分)		团队意识(10分)	
焊接质量 (10分)		安全文明(10分)	
安装工艺 (10分)		实训纪律(10分)	
图像质量 (20分)			

任务四 认识伴音通道

经过上面的安装和调试,你的电视机已经能收到图像,但它还是个哑巴,你若想让它开口说话,就必须完成下面的任务。

一、工作任务

认识SQ352机伴音通道电路。

二、知识准备

(一)电视机伴音通道的定义

1.广义伴音通道

广义伴音通道是指高频调谐器、图像中放、视频检波、预视放、伴音限幅中放、鉴频器、低频放大等电路。

2.狭义伴音通道

狭义伴音通道是指伴音限幅中放、鉴频器、低频放大等电路,也就是 6.5 MHz 第二伴音中频信号后的电路,今后不作特殊说明都是指的狭义伴音通道。

(二)组成框图

图4-13 是一般电视机的伴音通道组成框图,它的各部分主要作用见表4-14。

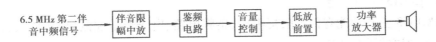

图4-13 伴音通道组成框图

表 4-14

伴音限幅中放	对 6.5 MHz 的第二伴音中频进行限幅放大,限幅的目的是减小干扰
鉴频电路	从 6.5 MHz 的第二伴音中频中还原出音频信号
音量控制	调节音量大小
低放前置	对音频信号进行电压放大,以推动功率放大器
功率放大	对音频信号进行功率放大,以推动扬声器

三、任务完成过程

（一）电路认识

SQ352 机伴音电路是以一块 μPC1353 集成块为核心构成的（见图 4-14）。

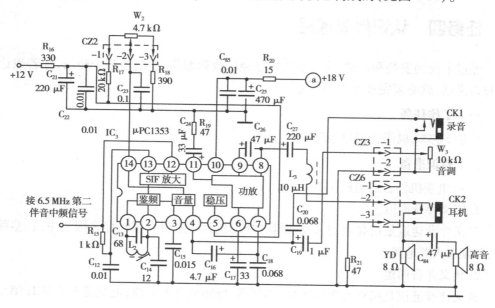

图 4-14　SQ352 伴音电路

1. 认识 μPC1353

既然电路的核心是 μPC1353,要认识这个电路,我们首先就要熟悉 μPC1353。

（1）μPC1353 的功能

μPC1353 主要功能有伴音限幅中放、鉴频电路、电子音量控制、功率放大,即它能完成伴音通道的所有功能。

（2）μPC1353 内部框图

图 4-15 是 μPC1353 内部框图。

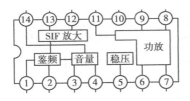

图 4-15 μPC1353 内部框图

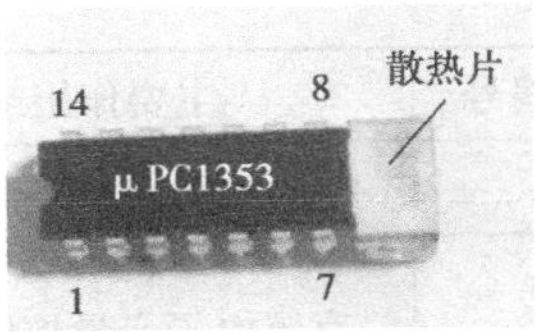

图 4-16 μPC1353 外形图

（3）μPC1353 的外形及引脚排列

μPC1353 也是 14 脚双列直插式集成块,它的外形及引脚排列如图 4-16 所示。

（4）μPC1353 各引脚功能（见表 4-15）

表 4-15

引脚编号	引脚功能	引脚编号	引脚功能
1,2	外接鉴频器选频网络	8	功放级音频信号输出
3	外接去加重电容	9	外接自举电容
4	鉴频器音频输出	10	功放电源
5	8 V 供电,向功放以外电路提供电源,内有稳压电路	11	外接交流负反馈电路
6	滤波,外接滤波电容	12,13	第二伴音中频信号输入
7	功放级音频信号输入	14	直流音量控制。该脚电压越高音量越大

2. 电路认识

图 3-14 是由 μPC1353 为核心构成的伴音电路,它也是 μPC1353 的典型电路。根据前面的经验,只有在认识了电路的基础上才能顺利地完成安装和调试任务。

（1）主要元件的作用或名称

主要元件的作用或名称见表 4-16。

表 4-16

元件编号	主要作用或名称	元件编号	主要作用或名称
R_{16}	+12 V 电源滤波	C_{16}	耦合电容
C_{21}		C_{17}	滤波电容
C_{22}		C_{18}	消除高频干扰
R_{20}	+18 V 电源滤波	C_{19}	音调控制
C_{25}		W_3	
C_{85}		C_{20}	录音信号耦合

续表

元件编号	主要作用或名称	元件编号	主要作用或名称
R_{17}		CK1	录音信号输出插孔
R_{18}	直流电子音量控制	C_{27}	输出耦合电容
C_{23}		L_3	改善音质
W_2		CK2	耳机插孔
R_{15}	内部放大电路偏置电阻	R_{21}	耳机信号衰减
C_{12}	旁路电容	C_{26}	自举升压电容
L_2		R_{19}	交流负反馈网络
C_{13}	LC 鉴频线性网络	C_{24}	
C_{14}		C_{84}	分频
C_{15}	去加重	IC3	μPC1353

（2）几个信号通路

①6.5 MHz 伴音第二中频信号

6.5 MHz 滤波器→μPC1353⑫脚。

②音频信号

μPC1353④脚→C_{16}→μPC1353⑦脚→μPC1353⑧脚→C_{27}→L_3→CK_2→扬声器。

③直流音量控制电压

+12 V 电压→R_{17}→W_2→μPC1353⑭脚。

（3）直流供电通路

①+18 V 电压

+18 V→R_{20}→μPC1353⑩脚,向功放部分供电。

②+12 V 电压

+12 V→R_{16}→μPC1353⑤脚,向中放和鉴频电路供电。

（二）几点说明

（1）μPC1353 采用电子音量控制电路,这种电路的主要优点是:

①音频信号不经过音量电位器,减小了噪声。

②便于实现遥控（现在的电视机都采用这种方式）。

（2）不知你注意到没有,整个 μPC1353 的 14 个引脚没有一个接地脚,是它不需要接地吗? 不是的,它的接地是靠其自带的散热片接地的。

任务评价

表 4-17　　　　　　　　　　　　　　总分：

电路认识（70 分）	其他素质（30 分）	
在图 4-14 中用红色勾出 +12 V 和 +12 V 供电通路（30 分）	团队意识（10 分）	
在图 4-14 中用绿色勾出 6.5 MHz 信号通路　　（20 分）	安全文明（10 分）	
在图 4-14 中用黄色勾出音频信号通路　　　　（20 分）	实训纪律（10 分）	

任务五　安装调试伴音通道

上面我们已经对 SQ352 机伴音通道有了较为详细的认识，现在就来安装和调试这部分电路。

一、工作任务

（1）清理和检测元件。

（2）安装调试电路。

二、完成任务过程

（一）元件的清理与检测

1. 元件清理（见表 4-18）

表 4-18

元件编号	数量	参数或型号	元件编号	数量	参数或型号	元件编号	数量	参数或型号
R_{15}	1	1 kΩ	C_{14}	1	12 pF	C_{25}	1	470 μF/25 V
R_{16}	1	330 Ω	C_{15}	1	0.015 μF	C_{26}	1	47 μF/16 V
R_{17}	1	20 kΩ	C_{16}	1	4.7 μF/16 V	C_{27}	1	220 μF/16 V
R_{18}	1	390 Ω	C_{17}	1	33 μF/16 V	C_{84}	1	4 7 μF/16 V
R_{19}	1	47 Ω	C_{18}	1	0.068 μF	C_{85}	1	0.01 μF
R_{20}	1	15 Ω	C_{19}	1	1 μF/16 V	L_2	1	—
R_{21}	1	47 Ω	C_{20}	1	0.068 μF	IC3	1	μPC1353
W_2	1	4.7 kΩ	C_{21}	1	220 μF/25 V	CK1	1	二芯插孔
W_3	1	10 kΩ	C_{22}	1	0.01 μF	CK2	1	二芯插孔
C_{12}	1	0.01 μF	C_{23}	1	0.1 μF	YD	1	主扬声器
C_{13}	1	68 pF	C_{24}	1	33 μF/16 V	—		—

2.元件检测

这部分元件没有什么特殊的,检测方法与前面的一样。

(二)元件安装

1.阻容元件安装

阻容元件安装方法和要求与前面一样。

2. μPC1353 安装要求

(1)焊接引脚时注意不要有搭焊的现象。

(2)焊接 μPC1353 的散热片时焊锡要饱满,以增大散热性能。

3.音量电位器安装

音量电位器 W_2 的接线以顺时针旋转以音量增加为原则。

(三)电路调试

1.调试步骤(见表4-19)

2.几点说明

(1)μPC1353 的总电流与它当时的输出功率有关,故测量电流测试口电流时,可能与典型值有较大误差。

(2)μPC1353 ⑭脚电压受音量电位器的控制,当音量最小时,对应电压在 0.1 V 左右;音量最大时,对应电压在 1.4 V 左右。

(3)μPC1353 功放部分的供电未经稳压,试测⑧,⑨,⑩引脚的电压与典型值可能有较大差异。

表4-19

调试步骤	操 作	目 的
第1步	仔细检查电路有无错装、漏装元件,检查各焊点是否可靠	保证安装的正确性和可靠性
第2步	检查 12 V,18 V 电源电压是否正常	保证供电电压正确
第3步	将音量电位器调至中间位置,测电流测试口电流应在 50 mA 左右	确定电流是否正常
第4步	电流正常就封住电流测试口,不正常就检查电路是否有错	接通 IC3 的供电电路

续表

调试步骤	操 作					目 的
		脚号	电压	脚号	电压	
第5步	测 IC3 各引脚电压,其典型值见右表	1	3.7 V	8	9 V	检查 IC3 各引脚电压是否正常
		2	3.7 V	9	16 V	
		3	5.7 V	10	18 V	
		4	5.2 V	11	9 V	
		5	8 V	12	2.5 V	
		6	8.5 V	13	2.5 V	
		7	7.3 V	14	0.1 ~ 1.4 V	
第6步	接收一个信号较强的电视台节目,并将图像调到最好状态					为调节鉴频器做好准备
第7步	用无感螺丝刀调节 L_2,使伴音音量最大,噪声最小					使鉴频网络谐振于6.5 MHz

3. 几个关键引脚电压

(1) μPC1353⑤脚电压

μPC1353⑤脚内部有 8 V 稳压电路。若该脚电压高于 8 V,一般可判断集成块损坏。若该脚电压低于 8 V,则先考虑外接滤波电路元件 R_{16},C_{21},C_{22} 是否正常,若这几个元件均正常就应考虑集成块损坏。

(2) μPC1353⑧脚电压

该脚为功放级输出端,电压应为⑩脚的一半,若这个脚电压偏离中点电压较多,可考虑集成块损坏。

(3) μPC1353⑩脚电压

这个引脚是集成块功率放大器的供电脚,该脚电压正常与否,直接影响集成块功率放大器的工作。

(四)完成任务记录

调试完成后认真填写表4-20。

表 4-20

μPC1353 各引脚电压测量															调试中是否有元件损坏,有则记下
引脚编号	1	2	3	4	5	6	7	8	9	10	11	12	13	14	
静态															
音量适中															

电视机
安装与维修实训

任务评价

表 4-21 总分：

电压数据测量(56 分)	安装效果每项(8 分)		团队意识(6 分)	
表 4-20 中电压数据每个(2 分)	音质	音量	装配工艺	安全文明(7 分)
			实训纪律(7 分)	

任务六　整机调试

经过以上的辛苦安装和调试,你的电视机已经能收看电视台的节目了。但调试工作并没有结束,不信你仔细观察电视机图像一定存在几何失真。本来整机调试的内容很多,如频率覆盖、接收灵敏度、行场线性等。由于一些客观原因,本任务我们就只完成行场线性的调试工作。

一、工作任务

行场线性调试。

二、知识准备

1.影响行线性的几个元件

（1）行线性调整元件 L_{11}

调节 L_{11} 可改变行线性,对行幅也有一定影响。

（2）行逆程电容 C_{65},C_{66},C_{86}（一般调试时只调节 C_{86} 的大小）

改变行逆程电容的大小可改变行幅大小,对行线性也有影响。

2.场扫描电路的调试点

（1）场幅电位器 W_5

它的作用主要是调节场幅的大小,但调节时对场线性也有影响。

（2）场线性电位器 W_6

它的作用主要是调节场线性,但调节时对场幅也有影响。

3.中心调节片

这是位于偏转线圈上的两个磁环,如图 4-17 所示。调节两个磁环的相对位置,可调节光栅在屏幕上的位置。

中心调节片

图 4-17　偏转线圈上的中心调节片

三、任务完成过程

（一）调试前的准备

（1）检查电视机是否能正常收看电视台节目。

（2）一字形小螺丝刀1把。

（3）电视信号发生器1台。

（4）将偏转线圈上的锁紧螺钉锁紧，让偏转线圈可靠地固定在显像管颈上。

（二）调试步骤（见表4-22）

表4-22

调试步骤	操　　作	目　　的
第1步	将电视信号发生器开启，并调在如图所示的测试卡位置 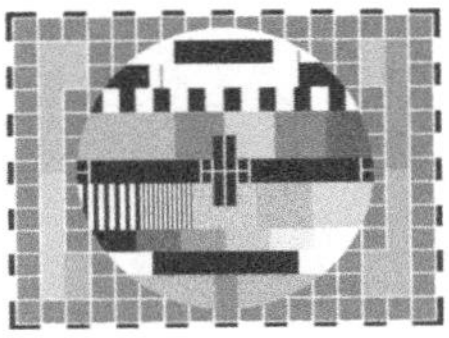	让被调电视机接收电视测试卡信号
第2步	开启电视机，使其接收到测试卡信号。亮度电位器和对比度电位器置适当位置，预热5 min	利用测试卡进行调试，预热的目的是让电视机稳定
第3步	调 W_5，W_6 使场幅满幅，图像中测试卡的上下方格大小一致	调节场线性和场幅
第4步	调 L_{11}，使图像中测试卡左右方格大小一致	调节行线性
第5步	如出现行幅不满，则适当增大逆程电容 C_{86}，若行幅过大则适当减小 C_{86}	调节行幅
第6步	反复第3、第4、第5步2~3遍，使图像中测试卡方格均匀，中间为正圆	因为第3、第4、第5步的调节过程中相互有牵扯，故要进行2~3遍
第7步	调节中心调节片，使图像在屏幕的中心位置	使图像在屏幕中心

　　经过上面的调试，黑白电视机的安装与调试就全部完成，你从中学到了些什么？有收获吗？请认真做好总结。

任务评价

表 4-23

图像清晰度(10 分)		音质音量(10 分)		行场线性(10 分)	
实训总结(70 分,要求不少于 500 字)					

模块 **2**

彩色电视机常见故障的检修实训

项目五　彩色电视机开关稳压电源常见故障维修

[知识目标]
- 熟悉开关稳压电源的电路原理。
- 认识开关稳压电源电路及故障特点。

[技能目标]
- 熟悉电源维修的一般方法。
- 会对电源常见故障进行处理。

现在的彩色电视机都采用开关稳压电源,原因是开关稳压电源与一般串联稳压电源相比,具有非常突出的优点。在整个电视机中,开关稳压电源也是容易损坏的部分,因此,我们必须掌握开关稳压电源常见故障的检修方法。开关电源电路种类繁多,不可能一一分析、讲解和实训,本书主要以长虹 H2158K 机型展开分析和实训,今后只要不做特别说明,就是指的该机型。

任务一　电视机的拆装和主板总体认识

开关稳压电源与普通串联稳压电源相比,由于电路结构和工作状态的不同,因此,故障也有它的一些独自的特点。

一、工作任务

(1)电视机机芯拆装。

(2)机芯总体认识。

二、拆卸前的准备

(一)工具准备

1.螺丝刀

十字螺丝刀(最好是 6×150 带磁性的)1 把。

一字螺丝刀(5×100)1 把。

2.万用表 1 块。

3.工作台上最好垫橡胶垫。

4.彩色笔1支。

（二）知识准备

在拆卸电视机前要对电视机结构和拆卸的目的心中有数，才能达到预期的效果，更重要的是不要损坏电视机，要做到这些，请注意以下几点：

（1）显像管的管颈是显像管最脆弱的地方，拆卸时千万注意不要将其损坏。

（2）拆卸中有很多螺丝钉，它们往往有长有短、有大有小、有粗牙的、有细牙的，这些都要记清楚位置，并且将拆下螺丝钉妥善地保管好，否则在安装时就会出问题。

（3）一台电视机的主板上有好多个插接件与其他部分连接，在拆卸插接件时，要做好记号，不然安装时将插接件插错就有可能造成损失。

（4）拆卸过程中应拔下电源插头以免造成触电事故。

（5）由于显像管高压阳极与它椎体上的石墨层构成了一个电容器，上面存储了电荷。在拆卸高压帽时，要先将其放电，以免造成触电或损失。

（6）拆卸中，要掌握技巧，不要用力过猛，以免造成不必要的损失。

（7）拆卸时要不断观察，多动脑筋，分清哪些应该拆，哪些不该拆，尽量少走弯路。

（8）对机芯结构要有所了解，拆开后才能找到各部分的大致部位。图5-1是长虹H2158K机芯（CN-12机芯）简图，拆卸前请先熟悉它。

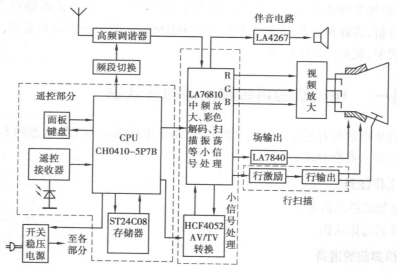

图 5-1　长虹 H2158K 机芯简图

三、完成任务过程

（一）机芯拆卸过程

拆卸步骤见表5-1。

表 5-1

步　骤	操作说明	
后盖拆卸	1. 旋出连接后盖的所有螺丝钉,妥善保管螺丝钉并记住它们的位置 2. 取下后盖 	 后盖　螺丝刀　螺钉
取下相关插接件	取下与机壳相连的插接件。取插接件时一定要注意,若有两个以上样式相同的插接件,必须做好标记,以保证插回时不会出错。常用的标记方法有编号法和画线法(见右图) 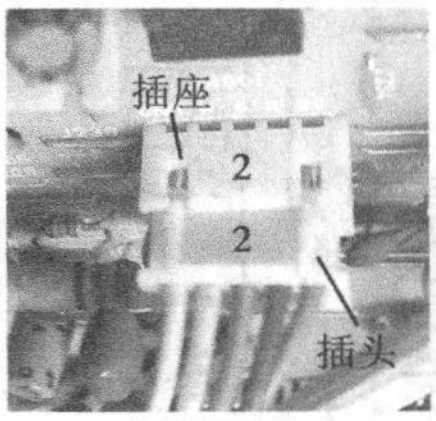	 插座　插头　插座　插头 编号法 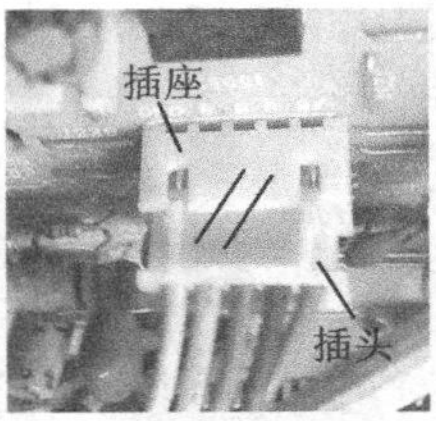　　画线法
取下视放板	视放板在显像管上,取下时只能沿显像管管颈轴向用力,千万不能旋转用力,以免损坏显像管 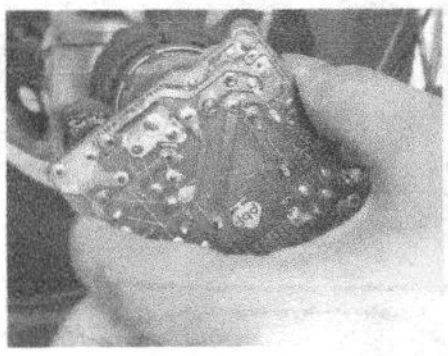	
取下高压帽	显像管的高压帽往往带有高压,取下时应先放电,以免被电击。放电的方法是用一支万用表的表笔一头先与显像管的接地线接好,然后用表笔的另一头与显像管的高压嘴相接进行放电(见右图) 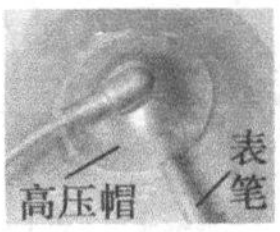 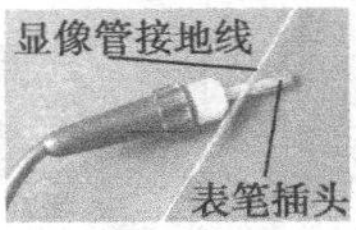	 高压帽　表笔　显像管接地线　表笔插头
取出主板	取主板前先观察有无固定螺丝钉,若有要将其旋出,然后小心地取出主板。注意取出主板后整个电视机重心前移,容易翻倒	

(二)机芯总体认识

图 5-2 是长虹 2158K 机主板图片。要对电路进行维修,首先要熟悉主板,特别是各部分电路范围和大致位置。图 5-2 中圈出了某些部分电路的大致范围和位置。你知道这些电路是怎样圈出来的吗? 下面我们就一起来找出这些电路的特征。

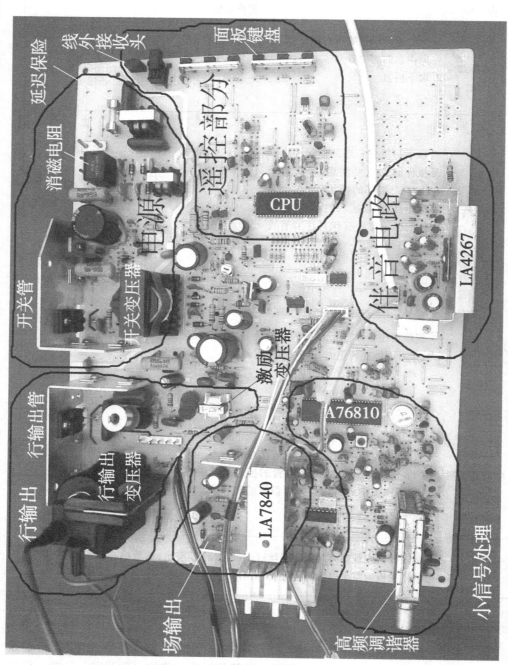

延迟保险

线外接收头

面板键盘

消磁电阻

遥控部分

CPU

开关管

电源

开关变压器

开关变压器

伴音电路

LA4267

激励变压器

A76810

行输出管

行输出

行输出变压器

LA7840

场输出

高频调谐器

小信号处理

图5-2 长虹H2158K主板图

表 5-2

电路	主要特征
电源	这部分电路最明显的特征就是有开关变压器、开关管、延迟保险丝等,故它们附近的电路就一定是电源部分
行输出	行输出变压器、行输出管等元件是这部分电路的明显标志,故它们附近的电路就是行输出部分
场输出	由图 5-1 知,本机场输出采用 LA7840 完成,而且这种集成块都有散热板,所以不难找到,而找到了这块集成块就找到了这部分电路
伴音电路	由图 5-1,本机的伴音电路采用 LA4267 完成,与 LA7840 一样也加有散热板,故要找到伴音电路是很容易的
遥控部分	遥控部分最明显的特征就有一块 CPU。本机的 CPU 采用的是 CH0410-5P7B,这种集成块是一块大规模集成块,引脚很多,故很容易找到
小信号处理	本机的小信号处理采用的是大规模集成块 LA76810。这种集成块的引脚也多,同时它一般都与高频调谐器距离不远,故也容易找到

（三）装回机芯

机芯的装回与拆卸时步骤相反,这里不再赘述,只是要注意以下 4 点:

（1）插接件不能插错位置,所以装完后一定要仔细检查一遍。

（2）装回视放板时用力要均匀,不要用力过猛,以免损坏显像管。

（3）机芯装回后要检查面板键盘是否灵活。

（4）装完后通电试机正常后才能盖后盖。

任务评价

表 5-3   总分:

机芯拆装（40 分）		对应图 5-1 机芯认识元器件（30 分）		其他（30 分）	
后盖拆装	（15 分）	开关变压器	行输出变压器	团队意识（10 分）	
主板拆装	（25 分）	消磁电阻	场输出集成块	安全文明（10 分）	
元器件损失情况	（－10 分）	高频调谐器	伴音集成块	实训纪律（10 分）	

注:表 5-3 中"机芯认识元器件"是学生在实际机板上指出一个得 5 分。

任务二 长虹 H2158K 机开关电源认识

和黑白电视机一样,开关电源也是为整个电视机提供能量的。这部分电路如果不正常,整个电视机都不会正常工作,再有彩色电视机的电源出故障的比例很大,因此,对开关电源常见故障的维修就显得十分重要。

一、工作任务

（1）电路认识。

（2）电路中关键元件的对应认识。

二、知识准备

（一）彩色电视开关电源的主要特点（见表5-4）

表5-4

效率高	由于开关稳压电源调整元件开关管工作在开关状态,所以效率很高,有的机型可高达90%以上,而且与电网电压的高低无关
稳压范围宽	一般电网电压在110～270 V变化时,仍可保持输出电压基本不变,有的机型的稳压范围还要更宽一些
体积小	彩色电视机都省去了电源变压器,故它不但体积小,而且重量也轻
输出电压路数灵活	一般串联稳压电源都只能输出一路电压,而开关稳压电源可以方便地输出多路不同电压
容易加上各种保护措施	当输出电压过高或负载有过流时容易损坏电源或负载,开关稳压电源可以方便地加上过压、过流等保护电路,从而有效地保护负载电路和电源不被损坏

（二）彩色电视机开关电源的基本原理

1. 开关电源中交直流电压变换过程

由图5-3中可以看出,开关电源中有一个由直流变交流的过程,这就注定了它必然有一个振荡电路。按开关管激励方式就有自激式和它激式之分。所谓自激式,就是开关既作开关管又作振荡管,一般小屏幕电视机都采用自激式。

图5-3　开关电源中交直流电压转换过程

2. 开关稳压电源的稳压原理

开关稳压电源的开关管（调整管）工作在开关状态,即它导通一段时间又截止一段时间,一个导通时间与一个截止时间之和叫一个周期。若用T_{on}表示导通时间,用T表示周期,+则输出电压的平均值为

$$U_0 = \frac{T_{on}}{T} U_i$$

式中,$\frac{T_{on}}{T}$称为占空比,也就是自激振荡过程中开关管道通时间与振荡周期的比值,通常也用δ表示。

由前式可知,只要控制振荡的占空比,就可控制输出电压。

三、任务完成过程

认识长虹H2158K机芯稳压电源:

1. 电路认识

图5-4是长虹H2158K开关源电路原理图。理论教材已经对它进行了详细的分析,下面从维修的角度对这部分电路再进行一些认识和分析。

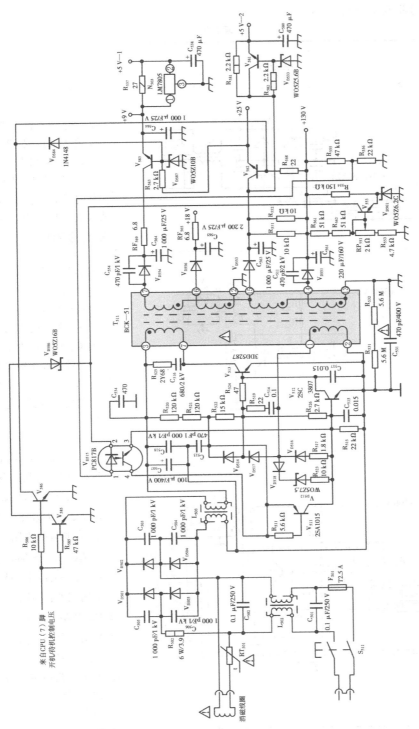

图 5-4 长虹 H2158K 开关电源

（1）局部电路分析

表 5-5

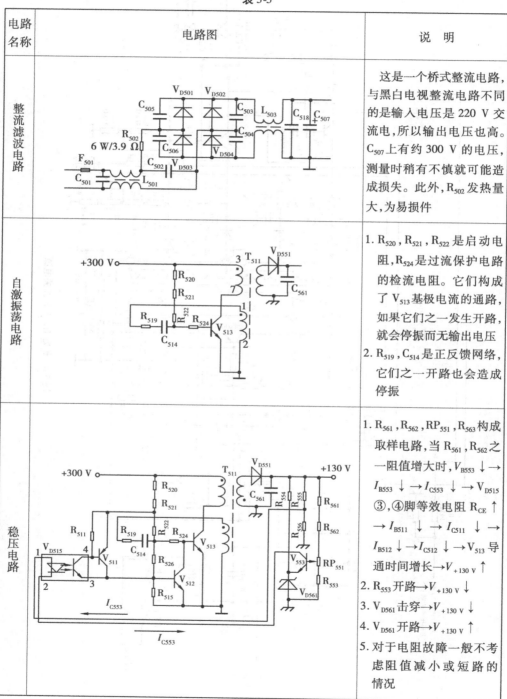

电路名称	电路图	说　明
整流滤波电路		这是一个桥式整流电路，与黑白电视整流电路不同的是输入电压是 220 V 交流电，所以输出电压也高。C_{507} 上有约 300 V 的电压，测量时稍有不慎就可能造成损失。此外，R_{502} 发热量大，为易损件
自激振荡电路		1. R_{520}，R_{521}，R_{522} 是启动电阻，R_{524} 是过流保护电路的检流电阻。它们构成了 V_{513} 基极电流的通路，如果它们之一发生开路，就会停振而无输出电压 2. R_{519}，C_{514} 是正反馈网络，它们之一开路也会造成停振
稳压电路		1. R_{561}，R_{562}，RP_{551}，R_{563} 构成取样电路，当 R_{561}，R_{562} 之一阻值增大时，$V_{B553} \downarrow \rightarrow I_{B553} \downarrow \rightarrow I_{C553} \downarrow \rightarrow V_{D515}$ ③，④脚等效电阻 $R_{CE} \uparrow \rightarrow I_{B511} \downarrow \rightarrow I_{C511} \downarrow \rightarrow I_{B512} \downarrow \rightarrow I_{C512} \downarrow \rightarrow V_{513}$ 导通时间增长 $\rightarrow V_{+130\,V} \uparrow$ 2. R_{553} 开路 $\rightarrow V_{+130\,V} \downarrow$ 3. V_{D561} 击穿 $\rightarrow V_{+130\,V} \downarrow$ 4. V_{D561} 开路 $\rightarrow V_{+130\,V} \uparrow$ 5. 对于电阻故障一般不考虑阻值减小或短路的情况

（2）电源的几路输出电压

表 5-6

输出路数	输出电压	供电部分
第 1 路	+130 V,有时也记为 +B	这路电压专为行输出级供电,当这路电压无输出时,屏幕将不会发光
第 2 路	+25 V	给行激励和场输出供电,当它无输出时,行激励不工作,也会造成无光栅
第 3 路	+18 V	伴音功放的供电电压
第 4 路	+9 V	给行启动和部分小信号处理供电
第 5 路	+5 V-1	给高频头和 LA76810 小信号部分供电
第 6 路	+5 V-2	给 CPU 供电,无此电压时将无法开机

（3）遥控直流开机和关机电路

由图 5-4 电路可知:

表 5-7

开关机状态	CPU⑦脚电平	V_{585},V_{586}工作状态	输出电压变化情况
开机	低	截止	各路电压输出均为正常值
关机	高	饱和	+130 V 电压为开机时的一半左右,+9 V,+5 V-1,+25 V 无输出,+5 V-2电压仍为 +5 V 向 CPU 供电

2.认识电路中的几个特殊元件

表 5-8

元件编号	元件名称	元件外形	说 明
F$_{501}$	延迟保险		延迟保险在电流过大熔断时有一定的延迟量。这主要是因为彩色电视机中有自动消磁电路,这个电路通电瞬间电流很大,若用普通保险立即就会熔断,故普通保险不能代替延迟保险。延迟保险与普通保险在外形上非常类似,但仔细观察还是有一定区别,一般延迟保险的熔丝呈螺旋状

续表

元件编号	元件名称	元件外形	说　明
T_{511}	开关变压器		开关变压器是在铁氧体磁芯上绕制线圈的一种变压器。是彩色电视机开关电源的一个专用元件，一般质量要求很高，而且不同机型一般绕组参数不同，故一般不同机型间的开关变压器不能互换
R_{T501}	消磁电阻		消磁电阻是彩色电视机自动消磁电路中的专用元件。它主要是由正温度系数（PTC）的半导体构成。常温下它电阻值很小（数十欧以下）等效短路，当温度升高时，它的阻值迅速增大（等效开路）。一般电阻体上标注的是它在常温下的阻值
L_{502} L_{503}	互感滤波器		开关稳压电源有振荡电路，存在特有的"开关干扰"。由于互感滤波器的特殊绕制方式，可以有效减小这种干扰。各种型号电视机的互感滤波器外形都差不多，只是几何尺寸可能有些差别
V_{D515}	光耦合		光耦合是近年发展起来的一种元件。它其实是将一个发光二极管和一个光敏三极管集成在一起构成的，其电路符号形象地说明了这一事实（见符号图）。这个元件的引脚排列规律与4脚双列直插式集成块一样，标记点对应1脚。测量时，1,2脚间的电阻具有二极管的特性。它的重要性质是能将输入1,2脚的电信号通过内部光耦合到光敏三极管并经3,4脚输出，具体就是流过发光二极管的正向电流增大，光敏三极管的C,E间电阻 R_{CE} 减小。由此可见，它既能将输入1,2脚的电信号通过内部耦合经3,4脚输出，又能使输入输出端实现有效的电隔离

任务评价

表 5-9　　　　　　　　　　　　　总分：

电路认识（以下前 3 项各 10 分，后 3 项每空 2 分，共 84 分）	其他（16 分）
在图 5-4 中圈出整流滤波电路	
在图 5-4 中圈出自激振荡电路	安全文明（6 分）
在图 5-4 中圈出稳压电路	
R_{563} 开路 $\rightarrow V_{B553}$（ ）$\rightarrow I_{B553}$（ ）$\rightarrow I_{C553}$（ ）V_{D515} ③、④脚等效电阻 R_{CE}（ ）$\rightarrow I_{B512}$（ ）I_{C511}（ ）$\rightarrow I_{B512}$（ ）$\rightarrow I_{C512}$（ ）$\rightarrow V_{513}$ 导通时间（ ）$\rightarrow V_{+130\,V}$（ ）	团队意识（5 分）
V_{D561} 击穿 $\rightarrow V_{E553}$（ ）$\rightarrow I_{C553}$（ ）V_{D515} ③、④脚等效电阻 R_{CE}（ ）$\rightarrow I_{B512}$（ ）I_{C511}（ ）$\rightarrow I_{B512}$（ ）$\rightarrow I_{C512}$（ ）$\rightarrow V_{513}$ 导通时间（ ）$\rightarrow V_{+130\,V}$（ ）	实训纪律（5 分）
R_{556} 开路 $\rightarrow I_{C553}$（ ）V_{D515} ③、④脚等效电阻 R_{CE}（ ）$\rightarrow I_{B512}$（ ）I_{C511}（ ）$\rightarrow I_{B512}$（ ）$\rightarrow I_{C512}$（ ）$\rightarrow V_{513}$ 导通时间（ ）$\rightarrow V_{+130\,V}$（ ）	

任务三　长虹 H2158K 机开关电源正常数据采集

开关电源正常工作时，电路中的一些电压参数是今后检修这部分电路的重要依据，必须学会采集这些数据并加以保存。

一、工作任务

（1）熟悉各采集点的位置。

（2）数据采集。

二、知识准备

"冷地"与"热地"

彩色电视机的开关电源没有电源变压器，它将 220 V 交流电直接整流获得 300 V 直流电压。也就是说 220 V 交流电直接与电路相连，如果人体接触这部分电路会造成触电事故。为了安全，现在的电视机都将这部分电路与主板的其他部分进行了隔离，这就有了"冷地"与"热地"的概念，具体见表 5-10。

表 5-10

概　念	符号	测量数据须知
冷地：不直接与 220 V 交流电相连的接地端	⊥	测量 V_{511}，V_{512}，V_{513} 等各级电压时表的黑笔必须接"热地"，测量输出及其他部分的电压时，黑笔必须接"冷地"
热地：直接与 220 V 交流电相连的接地端	⊥	

说明："冷地"与"热地"的符号现在并无统一规定，表 5-9 中符号只在书中长虹 H2158K 原理图中使用。

三、任务完成过程

（一）数据采集前的准备工作

1. 器材准备

（1）长虹 H2158K 机 1 台。

（2）100 W 以上 1∶1 隔离变压器 1 台。

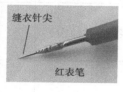

图 5-5　红表笔改造图

（3）万用表（如 MF47 型）1 台。万用表的红表笔要尽量锉尖，当然也可焊一颗缝衣针尖在上面（见图 5-5）。这样做的原因是电路板上的焊点非常密集，测量时如果表笔稍一滑动就会造成短路而损坏元件。

（4）电烙铁、镊子、螺丝刀等。

2. 打开后盖，取出主板

（二）数据采集

1. 熟悉"热地""冷地"位置

"热地"的特点是反面在 C_{507} 负极所连的敷铜上，正面就是开关管 V_{513} 的散热板（见图 5-6）。

机板反面图

机板正面图

图 5-6　"热地"位置图

找"冷地"的方法是首先找到滤波电容 C_{561}，则与 C_{561} 负极相连的敷铜就是"冷地"。为什么先找 C_{561} 呢？因为它体积大，好找。在机板的正面，行输出管、场输出集成块、伴音集成块的散热板都是"冷地"。

2. 熟悉测试点位置

（1）先在实际机板上找到 V_{511}，V_{512}，V_{513} 位置，然后找到它们各引脚的位置，这 3 个三极管的各极都是本次的测试点。

（2）找出各输出电压的测试点

表 5-11

输出路数	输出电压	测试位置	说　明
第 1 路	+ 130 V	C_{561} 正极或 V_{D551} 负极	
第 2 路	+ 25 V	V_{582} 发射极	
第 3 路	+ 18 V	C_{565} 负极或 V_{D556} 负极	表中所列测试点位置仅供参考，实际只要是与测试点相连敷铜上都可以
第 4 路	+ 9 V	C_{564} 正极或 V_{583} 发射极	
第 5 路	+ 5 V-1	C_{538} 正极或 LM7805②脚	
第 6 路	+ 5 V-2	C_{500} 正极后 V_{581} 发射极	

3. 测量数据

（1）将隔离变压器与电视机按图 5-7 连接

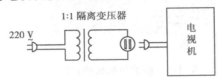

图 5-7　隔离变压器与电视机连接示意图

（2）开机观察电视机是否正常

（3）测量 V_{511}，V_{512}，V_{513} 各极电压

将万用表黑笔接在"热地"上，用红表笔依次测量各被测点，并将测出的数据填入表 5-12 中。

表 5-12

被测管	V_{511}			V_{512}			V_{513}		
测试点	E	B	C	E	B	C	E	B	C
参考数据	14.5 V	14 V	− 0.1 V	0 V	− 0.1 V	− 0.26 V	0 V	− 0.26 V	310 V
实测数据									

表 5-13

	被测点	参考数据	实测数据		测试点	实测数据	测试点	实测数据
V_{553}	E	6.2 V		各路输出	+ 130 V		+ 9 V	
	B	6.5 V			+ 25 V		+ 5 V-1	
	C	36.5 V			+ 18 V		+ 5 V-2	

（4）测 V_{553} 各极电压和各路输出电压

将黑表笔接在"冷地"，用红表笔分别去测量各被测点，并将测得的数据填入表 5-13 中，测量过程注意以下几点：

①"冷地"与"热地"一定不能接错。

②万用表的量程要选得适当。

③测量时表笔与机板的夹角不能太小，以免表笔将相邻点短路，正确夹角见图 5-8。

④表 5-12 和表 5-13 中的数据要认真填写，妥善保存，作为今后检修这部分电路的重要参数。

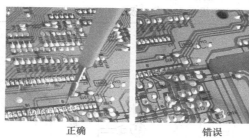

正确　　　　　　　　错误

图 5-8　表笔与机板的正确夹角

任务评价

表 5-14　　　　　　　　　　　　　　　总分：

准备工作（15 分）		测量过程（13 分）		测量数据（72 分）
工具准备	（5 分）	冷热地接法	（7 分）	
红表笔改造	（5 分）	操作手法	（6 分）	表 5-12 表 5-13 中每个数据 4 分
隔离变压器与电视机的连接是否正确　（5 分）		测量中有无元件损坏（损坏扣 5～10 分）		

任务四　开关电源无输出电压故障检修基本训练

彩色电视机开关电源无输出电压故障是一种常见故障，当出现这种故障时电视机表现为无图、无光、无声的"三无"现象。实际电视机出现这种故障不一定在电源本身，但为了让大家对故障检修入门，本任务只针对电源本身主要故障进行训练。

一、工作任务

（1）验证分析常见无输出电压故障。

（2）无输出电压故障检修。

二、知识准备

(一)无输出电压故障的大致范围

我们知道,开关电源必须要有振荡才有输出,要形成振荡,至少保证4个条件:一是300 V电压必须加在开关管的集电极上;二是启动电路能有效向开关管提供基极电流;三是正反馈网络工作正常;四是开关管质量良好。由此可见无输出电压故障的范围主要有:

(1)300 V整流滤波电路存在开路故障。

(2)启动电路存在开路故障。

(3)正反馈网络有故障。

(4)开关管质量不良。

(二)无输出电压故障的检修

由于开关电源是向整机供电的,在检修的过程中完全可能出现电压瞬时升高的现象,这就有可能损坏后面的元件。因此,检修电源故障时一般都要将行输出级的供电电压断开,而用一个假负载代替行输出电路,以免造成损失。

(三)长虹 H2158K 机电源中的两个关键测试点

表 5-15

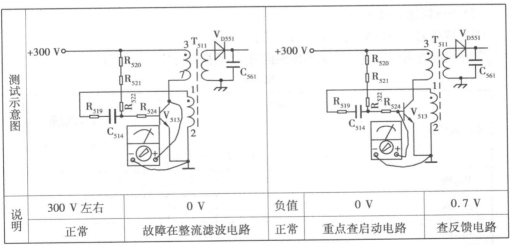

测试示意图					
说明	300 V 左右	0 V	负值	0 V	0.7 V
	正常	故障在整流滤波电路	正常	重点查启动电路	查反馈电路

(四)检修这种故障时一般用观察法和电压法比较奏效

(1)观察法主要是观察有无明显烧坏的元件,特别要观察保险管和功率较大的电阻。

(2)电压法要测量相关电压并与我们采集的正常电压进行比较,同时,还要借助理论知识加以分析,逐步缩小故障范围。

三、任务完成过程

(一)准备工作

(1)隔离变压器1台。

图5-9 作假负载的灯泡

(2)万用表1台。

(3)长虹 H2158K 机1台。

(4)1只 25 W/220 V 灯泡并按图5-9连好线。

(5)电烙铁、电工工具等。

(6)记录用的纸和笔。

(二)故障验证

(1)开机检查电视机必须正常才能进行下面的任务。

(2)在主板上找到跳线 J069 并将其断开,其目的是将行输出级与 +130 V 电源脱离。

(3)在 C_{561} 两端接上 25 W 灯泡作假负载。开关电源在空载时可能烧坏开关管,接假负载的目的就是要保证开关管的安全。

(4)按表 5-16 验证故障并做好记录。这个表格一定要认真填写,这是检修无输出电压故障的重要数据资料。

(5)安全问题有以下两点:

①养成测完一个数据立即关机的习惯。

②在机板通电时尽量不要用手接触机板,必须接触时要单手操作。

表 5-16

故障验证点	测量点										故障现象
	+B	V_{513}			V_{512}			V_{511}			
		E	B	C	E	B	C	E	B	C	
R_{502} 断											
R_{520} 断											
R_{521} 断											
R_{522} 断											
R_{524} 断											
R_{519} 断											
C_{514} 断											

（三）常见无输出故障检修

（1）电视机的连接与故障验证时一样。

（2）按表 5-17 中的故障设置点互设故障进行检修训练。

表 5-17

故障点	设置人	检修人	完成时间	故障点	设置人	检修人	完成时间
R_{502} 断				R_{524} 断			
R_{520} 断				R_{519} 断			
R_{521} 断				C_{514} 断			
R_{522} 断							

①本表由故障设置人填写。

②设置故障时要注意隐蔽性和可靠性。

③检修无输出电压故障可参考图 5-10 步骤进行。这个步骤图仅供参考,它不可能包罗万象。

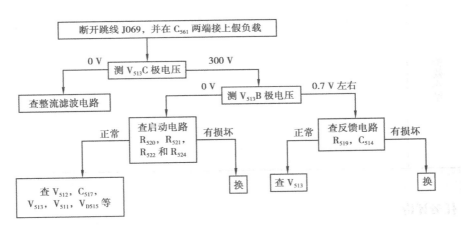

图 5-10　长虹 H2158K 无输出电压检修步骤

（3）故障排除后要将电视机完全恢复到原样。

（4）完成检修报告的编写。

表 5-18

姓名：   机号：   机型：

故障现象		故障元件编号
故障范围初步判断		
故障检修过程		
检修小结		

任务评价

表 5-19   总分：

故障验证(35分)	故障检修(35分)		其他素质(30分)	
评分依据是表 5-16 的完成情况，每个数据 0.5 分	检修操作	(20分)	团队意识 (10分)	
			安全文明 (10分)	
	检修报告	(15分)	实训纪律 (10分)	

任务五　开关电源无输出电压故障检修提高训练

前面我们对开关电源常见故障进行了基本检修训练,具备了一定的检修能力。在实际电视机故障中,往往比基本训练中的故障要复杂一些,因此,对这部分电路故障进行提高训练是很有必要的。

一、工作任务

完成电路中同时出现两个故障的检修。

二、知识准备

(1)在实际故障中,电路中同时出现两个故障的情况是存在的,检修方法与检修一个故障是一样的,只是在检修过程中要有信心,不要排除一个故障后发现电路仍不正常就对排除的故障点产生怀疑。

(2)前面我们已经知道,开关电源只要停振就会造成无输出。在任务四中,主要针对启动电路和反馈网络进行了分析和检修。其实除了启动和反馈还有其他一些原因也可引起停振而无输出,结合图 5-11 分析如下:

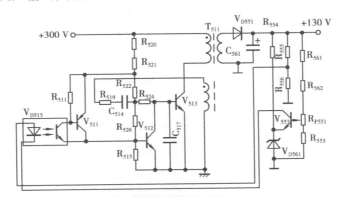

图 5-11　长虹 H2158K 电源局部电路

①当 C_{517} 短路→V_{513} 基极无电压停振→无输出电压。

②V_{512} CE 穿→V_{513} 基极无电压停振→无输出电压。

③V_{511} CE 穿→V_{512} 饱和→V_{513} 基极无电压停振→无输出电压。

④V_{D515} CE 穿→V_{511} 饱和→V_{512} 饱和→V_{513} 基极无电压停振→无输出电压。

三、任务完成过程

(一)准备工作

(1)隔离变压器 1 台。

（2）万用表 1 台。

（3）长虹 H2158K 机 1 台。

（4）1 只 25W/220 V 灯泡并按图 5-9 连好线。

（5）电烙铁、电工工具等。

（6）记录用的纸和笔。

（二）故障检修

1. 按表 5-20 中的故障设置点互设故障进行检修训练

（1）开路故障前面已经设置过了，这里就不多说。设置击穿故障时可用细铜线将应短路的两只脚接通，这样既隐蔽又可靠。

（2）表 5-20 由故障设置人填写。

表 5-20

故障点	设置人	检修人	完成时间	故障点	设置人	检修人	完成时间
R_{502}断 C_{517}穿				R_{524}断 C_{517}穿			
R_{520}断 V_{512}CE 穿				C_{514}断 V_{511}CE 穿			
R_{521}断 V_{511} CE 穿				R_{519}断 V_{D515}CE 穿			
R_{522}断 V_{D515} CE 穿				R_{502}断 V_{512} CE 穿			

2. 故障检修训练

（1）检修步骤可参考图 5-10 进行。

（2）检修的同时完成表 5-21 的填写。

表 5-21

姓名：　　　　　　　　　机号：　　　　　　　　　机型：

故障现象			故障元件编号
故障范围初步判断			
故障一	检修过程		
故障二	检修过程		
	检修小结		

任务评价

表 5-22　　　　　　　　　　　总分：

故障设置（30 分）		故障检修（40 分）		其他素质（30 分）	
隐蔽性	（10 分）	操作规范	（10 分）	团队意识	（10 分）
可靠性	（10 分）	故障检修	（20 分）	安全文明	（10 分）
安全性	（10 分）	检修报告	（10 分）	实训纪律	（10 分）

任务六　输出电压低故障的检修

开关电源输出电压低于正常值的故障也是一种常见的故障。它分负载过重和稳压电源本身故障两种情况,但后者居多,因此,本任务只针对稳压电源本身故障进行分析检修训练。

一、工作任务

(1)故障验证。

(2)故障检修训练。

二、知识准备

引起输出电压低的主要原因:

(1)负载过重。这里不讨论。

(2)稳压电源本身故障。对长虹 H2158K 机来说主要有表 5-23 中所列的原因。

表 5-23

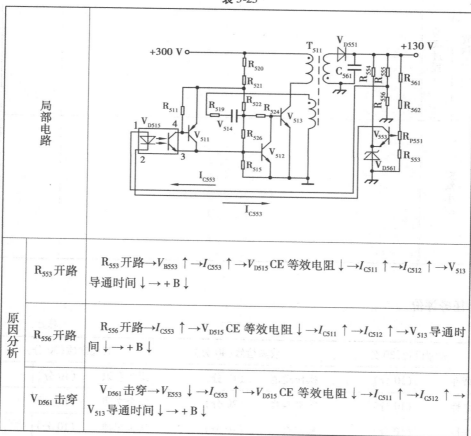

局部电路		
原因分析	R_{553} 开路	R_{553} 开路 $\rightarrow V_{B553}\uparrow \rightarrow I_{C553}\uparrow \rightarrow V_{D515}$ CE 等效电阻 $\downarrow \rightarrow I_{C511}\uparrow \rightarrow I_{C512}\uparrow \rightarrow V_{513}$ 导通时间 $\downarrow \rightarrow +B\downarrow$
	R_{556} 开路	R_{556} 开路 $\rightarrow I_{C553}\uparrow \rightarrow V_{D515}$ CE 等效电阻 $\downarrow \rightarrow I_{C511}\uparrow \rightarrow I_{C512}\uparrow \rightarrow V_{513}$ 导通时间 $\downarrow \rightarrow +B\downarrow$
	V_{D561} 击穿	V_{D561} 击穿 $\rightarrow V_{E553}\downarrow \rightarrow I_{C553}\uparrow \rightarrow V_{D515}$ CE 等效电阻 $\downarrow \rightarrow I_{C511}\uparrow \rightarrow I_{C512}\uparrow \rightarrow V_{513}$ 导通时间 $\downarrow \rightarrow +B\downarrow$

三、任务完成过程

（一）故障验证

将验证数据填入表 5-24 中，并找出它们的差别。

表 5-24

故障点	+ B	V_{553}			V_{511}			V_{512}			V_{513}		
		E	B	C	E	B	C	E	B	C	E	B	C
R_{553}开路													
R_{556}开路													
V_{D561}击穿													

（二）故障维修训练

（1）按表 5-25 中故障设置点互相设置故障进行维修训练。

表 5-25

故障点	设置人	检修人	完成时间	故障点	设置人	检修人	完成时间
R_{553}断				V_{D561}击穿			
R_{556}断							

　　（2）对于输出电压低的故障可参考按图 5-12 步骤进行，故障排除后完成表 5-26 的填写。

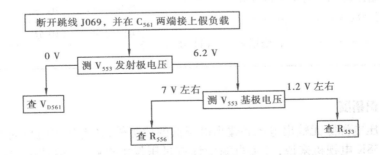

图 5-12　输出电压低的检修步骤

表 5-26

姓名：　　　　　　　　　机号：　　　　　　　　　机型：

故障现象		故障元件编号
故障范围初步判断		
检修过程		
检修小结		

任务评价

表 5-27　　　　　　　　　　　　　　　　　　　　　　总分：

故障验证(39 分)	故障检修(31 分)		其他素质(30 分)	
评分依据是表 5-24 的完成情况,每个数据 1 分	检修操作　(20 分)		团队意识　　(10 分)	
			安全文明　　(10 分)	
	检修报告　(11 分)		实训纪律　　(10 分)	
			—	—

四、知识拓展

开关稳压电源除无输出电压和输出电压低的故障外,还有输出电压高的情况。对于长虹 H2158K 电视机来说,开关电源中设有过压保护电路,一般情况输出电压不会太高。但有的元件损坏时,过压保护电路将不起作用,这时就有可能使输出电压升高很多。由于输出电压高的故障检修起来容易使故障扩大,因此,本书没有将它作为检修训练内容。下面只对输出电压高的主要原因做些分析。

（一）输出电压高的主要原因（见表5-28）

表5-28

局部电路	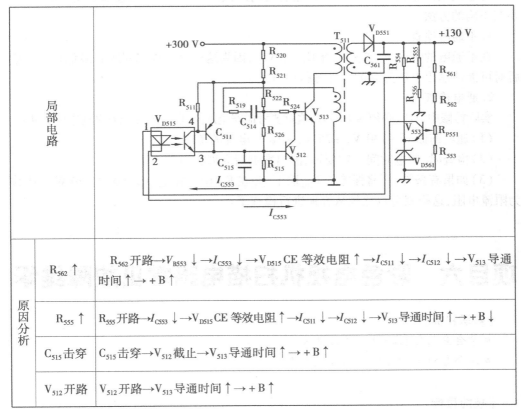	
原因分析	R_{562}↑	R_{562}开路→V_{B553}↓→I_{C553}↑→V_{D515}CE 等效电阻↑→I_{C511}↓→I_{C512}↓→V_{513}导通时间↑→ + B↑
	R_{555}↑	R_{555}开路→I_{C553}↓→V_{D515}CE 等效电阻↑→I_{C511}↓→I_{C512}↓→V_{513}导通时间↑→ + B↓
	C_{515}击穿	C_{515}击穿→V_{512}截止→V_{513}导通时间↑→ + B↑
	V_{512}开路	V_{512}开路→V_{513}导通时间↑→ + B↑

（二）长虹 H2158K 开关电源过压保护电路

长虹 H2158K 开关电源设有过压保护电路，似乎不会造成输出电压过高的情况，下面我们就来分析这个问题。图5-13 是电源过压保护电路，当输出电压过高时，T_{511} 绕组①②中的电压↑→经 V_{D518} 整流电压↑→V_{D519} 反向击穿→V_{512}饱和→V_{513}截止→电路停振。

由上面的分析可知，过压保护是通过 V_{512}饱和→V_{513}截止→电路停振来实现的。当 V_{512}开路或截止时，过压保护电路就不起作用。由表5-28

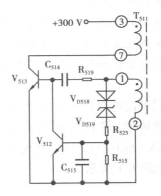

图5-13 **长虹 H2158K 过压保护电路**

中的分析，C_{515}击穿和 V_{512}开路时，不但使输出电压升高，而且这时过压保护电路也起不到保护作用，因此这是最危险的。

（三）输出电压过高的安全检查法

对输出电压过高的故障,检修时很容易将后面的电路损坏,检查除了要小心外,还要有正确的方法。

1. 不通电检查

在不通电的情况下,首先检查 C_{515} 和 V_{512} ,因为这两个元件出问题是最危险的。然后对可能使输出电压升高的元件进行检查。

2. 通电检查

实际检修中,有时必须通电检查,这就要考虑安全的问题,下面介绍安全通电的方法:

（1）通电前断开 +130 V, +25 V, +18 V 电源的负载。

（2）检查时,通电时间一定要短,测出数据后立即关电。

（3）如果有条件,可将保险管 F_{501} 取下,并在 F_{501} 两端接上一只 600 Ω/50 W 电阻作为限流电阻,这样就可以比较从容地进行检查了。

项目六　彩色电视机扫描电路常见故障维修

[知识目标]

● 学会分析行扫描电路的常见故障。

● 学会分析场扫描电路的常见故障。

[技能目标]

● 能认识扫描电路的专用元件。

● 能熟练检查行输出管的好坏。

● 能检查和排除行扫描电路的常见故障。

● 能检查和排除场扫描电路的常见故障。

同黑白电视机一样,彩色电视机扫描电路的任务也主要是形成光栅,当扫描电路出现故障时,将直接影响光栅质量甚至使显像管不发光。本项目主要针对长虹 H2158K 机扫描电路的一些常见故障现象进行分析和检修训练。本机的扫描电路组成框图如图 6-1 所示。

任务一　认识行扫描电路

要对行扫描电路常见故障进行检修,首先要熟悉它的组成及特点。下面我们就来熟悉长虹 H2158K 机行扫描电路。

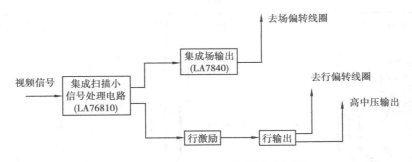

图 6-1　长虹 H2158K 机扫描电路框图

一、工作任务

（1）熟悉专用元件。

（2）熟悉行扫描电路的组成。

二、知识准备

我们知道,长虹 H2158K 机的小信号处理是由 LA76810 集成块完成的,当然行扫描电路的小信号处理也不例外。表 6-1 为 LA76810 在行扫描部分的相关引脚介绍。

表 6-1

引　脚	符号标注	引脚功能	静态电压/V	动态电压/V
㉕	H/BUC VCC	行/总线电源	5.03	5.04
㉗	HOR OUT	行激励脉冲输出	0.7	0.7
㉘	FBP IN	行逆程脉冲输入	1.12	1.12
㉙	REF	行振荡参考电压	0.02	1.62

三、任务完成过程

（一）专用元件认识

1. 行输出管

虽然行输出管（图 6-5 中 V_{432}）也是一个三极管,但它结构与普通三极管有很大区别,所以我们要来重新认识它。图 6-2 是它的外形图和符号,从符号中我们可以看出,在它的内部,基极与发射极之间接有一个保护电阻,这个电阻一般只有几十欧。在集电极与发射极间接有一个阻尼二极管。正是由于这两个元件的接入,使它在测量中与普通三极管产生了一些区别,具体见表 6-2。

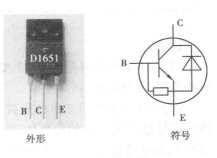

外形　　　　符号

图 6-2　行输出管

表 6-2

测量示意图	表量程	正常值	测量示意图	表量程	正常值
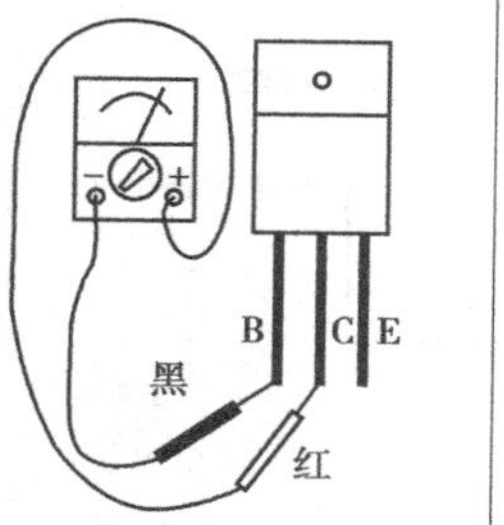 (测量示意图)	R×1 Ω	13 Ω	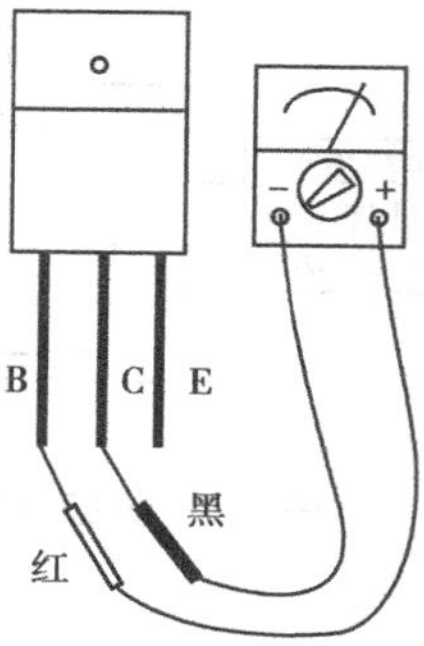 (测量示意图)	R×1 kΩ	∞
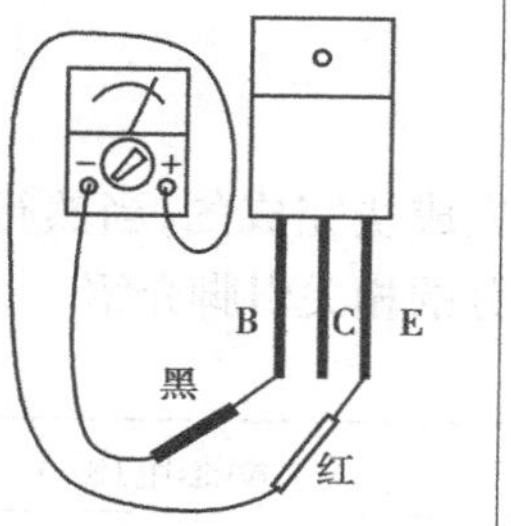 (测量示意图)	R×1 Ω	13 Ω	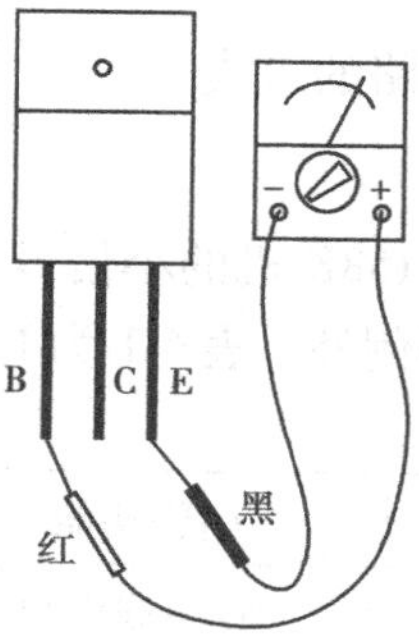 (测量示意图)	R×1 Ω	50 Ω
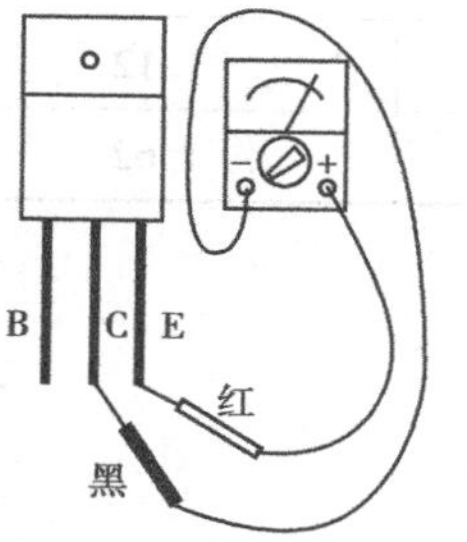 (测量示意图)	R×1 kΩ	∞	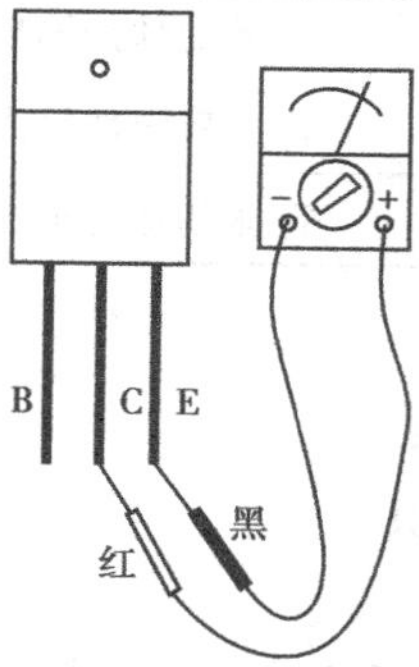 (测量示意图)	R×1 Ω	16 Ω

说明：

（1）表 6-2 中数据是用 MF47 型万用表测出的，若选用的表不同，测得的数据可能有些差别，但规律是不会变的。

（2）由于行输出管工作电压高，电流大，因此，它是一个易损件。本机行输出管采用的型号是 D1651，它的参数是：集电极最高反向击穿电压 1 500 V，集电极最大允许电流 5 A，集电极最大耗散功率 60 W。当它损坏时可用参数相当的其他型号行输出管代替，如 C5149，D1710，C5132 等都可代替。

2. 行输出变压器

行输出变压器又叫回扫变压器。是彩色电视机中的一个关键性元件,它的外形见图 6-3。图中聚焦电位器一般标有"FOCUS",加速电压调节电位器标有"SCREEN"。聚焦电压引出线用较粗的红色线,加速电压引出线用较细的其他色线引出。各种型号的行输出变压器引脚排列和参数都不同,因此,当行输出变压器损坏时都用同型号的更换。

(二)电路认识

1. 行扫描电路主要元件布局

图 6-4 是长虹 H2158K 机行扫描电路主要元件的布局图。只有在熟悉元件的基础上才能快速检修故障,故请认真对照实际机板查找。

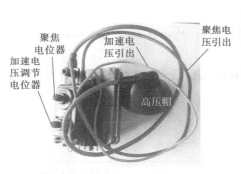

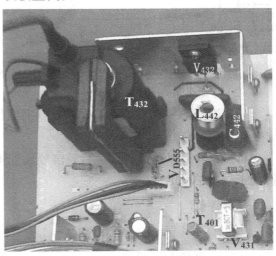

图 6-3　行输出变压器外形图　　　　图 6-4　行扫描电路主要元件分布

2. 供电电路

图 6-5 是长虹 H2158 机行扫描部分电路。由图可以看出,电路有 3 路供电:

(1) +9 V 供电

+9 V→R_{209}→LA67810㉕。

(2) +25 V 供电

+25 V→R_{404}→T_{401}初级→V_{431}集电极。

(3) +130 V 供电

+130 V→T_{432}⑩→T_{432}③→V_{432}集电极。

这 3 路供电中缺少任何一路都将使行扫描电路不工作造成无光栅。此外除以上 3 路向行扫描供电外,它还向外提供了 6.3 V 灯丝电压和 +190 V 电压,这个 +190 V 电压是向视放级提供电源的。

3. 信号通路

(1)行频脉冲信号

LA67810㉗→R_{406}→R_{401}→V_{431}基极→V_{431}集电极→T_{401}耦合→L_{431}→V_{432}基极。

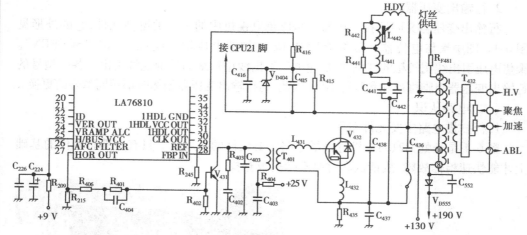

图 6-5　长虹 H2158K 行扫描电路

（2）行锯齿波电流

V_{432}集电极→H.DY（行偏转）→L_{442}（行线性）→L_{441}→C_{441}，C_{442}→R_{435}→地。

4. 主要特点

行振荡在 LA76810 内部。行频信号是 4 MHz 的振荡信号经 1/256 分频而得到的，因此工作非常稳定可靠。

任务评价

表 6-3　　　　　　　　　　　　　　　　　　　　　　　　总分：

元件认识（30 分）	电路认识（40 分）	其他素质（30 分）	
画出行输出管的符号　　（15 分）	在图 6-5 中勾画出行频信号通路　　　　　（20 分）	团队意识	
		安全文明	
怎样区别行输出变压器的聚焦电位器和加速电压电位器。　　　　　　　　（15 分）	在图 6-5 中勾画出行锯齿波信号通路　　　（20 分）	实训纪律	

任务二　行扫描电路常见故障检修

行扫描电路是电视机中故障率较高的电路之一，本任务只针对最常见行扫描电路造成的无光栅故障进行验证和检修训练。

一、工作任务

（1）正常数据采集。

（2）常见故障验证。

（3）常见故障检修。

二、知识准备

（一）常见行扫描电路故障的种类

我们已经知道，行扫描电路既要向行偏转提供锯齿波电流，又要为显像管正常发光提供高中压。因此，行扫描电路的故障主要表现为无光栅和垂直一条亮线。

（二）行扫描电路中的几个关键测试点

1. 3个供电

整个行扫描电路有 $+9\text{ V}$，$+25\text{ V}$，$+130\text{ V}$ 供电，这3个电压缺一不可。所以这3个供电输入点就是关键测试点。这几个电压是否加上，实际测量时，$+9\text{ V}$ 可测 LA76810㉕电压，正常为 $+5\text{ V}$ 左右；$+25\text{ V}$ 可测 V_{431} 集电极，正常为 16 V 左右；$+130\text{ V}$ 可直接测 V_{432} 集电极，正常为 $+130\text{ V}$ 左右。

2. $+190\text{ V}$ 电压输出点（V_{D555} 负极）

如前所述，行扫描电路故障和稳压电源电路故障都会引起无光栅现象。怎样才能迅速确定故障在电源还是行扫描电路呢？下面我们就来讨论这个问题。$+190\text{ V}$ 电压是行输出级输出的一个电压，因此它必须要在行扫描电路正常工作时才有正常的 $+190\text{ V}$ 电压输出。但同时我们从图 6-6 也看到，$+130\text{ V}$ 电压经 T_{432}⑩→T_{432}⑧→V_{D555} 也可加到 $+190\text{ V}$ 测试点上。当行扫描电路不工作时，只要电源工作正常，这个测试点上也有 $+130\text{ V}$ 的电压。我们正是利用这一特点来判断是电源故障还是行输出故障的，详见表 6-4。

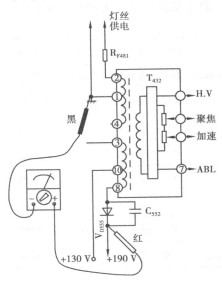

图 6-6　$+190\text{ V}$ 关键测试点示意图

表 6-4

V_{D555} 负极电压	结　论
$+190\text{ V}$	正常
0 V	稳压电路无输出
$+130\text{ V}$	行扫描电路有故障

（三）显像管正常发光时各电极的电压（见表 6-5）

表 6-5

高压阳极	灯丝	阴极	栅极	加速极
25 kV 左右	6.3 V	120 V 左右	0 V	250 V 左右

三、任务完成过程

（一）正常数据采集

1. 准备工作

准备一台正常长虹 H2158K 电视机和万用表等常用仪表和工具。

2. 开机检查电视机是否工作正常

将主板取出并开机测量表 6-6 中各测试点的数据。

表 6-6

LA76810	㉕脚	参考值	5 V	实际值		—	—	—	—
	㉙脚	参考值	1.6 V	实际值		—	—	—	—
	㉗脚	参考值	0.7 V	实际值		交流参考值	0.5 V	交流实际值	
V431	B	参考值	0.2 V	实际值		交流参考值	0.2 V	交流实际值	
	C	参考值	16 V	实际值		交流参考值	15 V	交流实际值	
V432	E	参考值	0.01 V	实际值					
	B	参考值	0.01 V	实际值		交流参考值	2.3 V	交流实际值	
	C	参考值	130 V	实际值		—	—	—	—
VD555	负极	参考值	190 V	实际值		—	—	—	—

说明：

（1）表 6-6 中的数据必须认真测试和填写，填好后作为资料妥善保存。

（2）交流数据的测试方法是：

①万用表置交流 10 V 挡（测 V431 集电极除外）。

②表中串接一个 0.047 μF 左右的电容器隔直，如图 6-7 所示。

③测量交流电压也可用交流毫伏表，那将会更加灵敏和准确。

（二）故障验证

故障验证的过程也是收集数据的过程，有了正常数据与异常数据的比较，我们在后面的故障检修训练中就会得心应手（见表 6-7）。

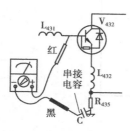

图 6-7　交流测量示意图

表 6-7

故障验证点	LA76810				V_{431}				V_{432}					V_{D555}
	㉕	㉙	㉗		B		C		B		E		C	负极
	直	直	直	交	直	交	直	交	直	交	直	交	直	直
R_{209} 断														
R_{404} 断														
R_{401} 断														
R_{406} 断														
L_{431} 断														

（三）故障检修训练

1. 行扫描电路故障特点

（1）故障率高。行扫描电路中行输出级工作电压高、电流大，因此故障率高。

（2）多数都是无光栅。行扫描电路要产生显像管正常发光的高中压，因此一旦发生故障，多数都会产生无光栅现象。

2. 行扫描电路的检查方法

行扫描电路故障的检查方法很多，如观察法、代替法、直流电压法、交流电压法等。对于行频信号通路上的故障引起的无光栅，用交流电压法是很有效的，下面就来学习这种方法的操作过程。前面数据采集时我们发现，正常时从 LA76810㉗就能检测到行频信号电压，这就给交流检查法奠定了基础。图 6-8 是用这种方法的示意图，具体操作如下：

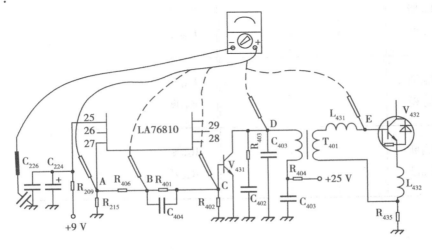

图 6-8　行扫描电路交流检查法示意图

（1）万用表置交流 10 V 挡。

（2）黑笔（或红笔）串接一只 0.047 μF 左右的电容接地。

（3）按图 6-9 的步骤依次测图 6-8 中的测试点就不难查出故障点。

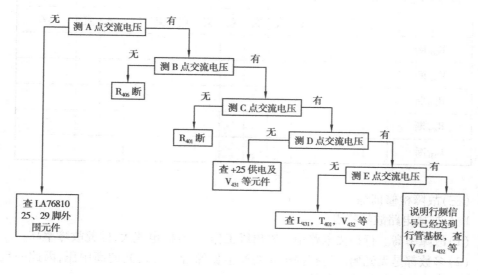

图 6-9　行扫描不工作检查步骤

3. 按表 6-8 中故障设置点设置故障进行检修训练

排除故障完成后将表 6-9 填好。

表 6-8

故障点	设置人	检修人	完成时间	故障点	设置人	检修人	完成时间
R_{209} 断 L_{431} 断				R_{406} 断 R_{209} 断			
R_{404} 断 R_{406} 断				L_{431} 断 R_{404} 断			
R_{401} 断 R_{209} 断				R_{401} 断 R_{404} 断			

表 6-9

姓名：　　　　　　　　　机号：　　　　　　　　机型：

故障现象			故障元件编号
故障范围初步判断			
故障一	检修过程		
故障二	检修过程		
	检修小结		

四、知识拓展

(1)电视机自然故障中,有一种垂直一条亮线的现象,这是典型的行偏转回路有开路的故障。对于长虹 H2158K 电视机来说就是 L_{442},L_{441},C_{442}(实际机芯上没有 C_{441}),H.DY 之一开路引起的,故很容易查找。

(2)电视机自然故障中,行输出变压器和行输出管损坏的比例较大。但由于行输管和行输出变压器的要求高,价格贵,故没有安排实训任务,这里只对其检查方法介绍给大家。行输管损坏一般都是 CE 击穿,判断的方法是:电视处于关机状态,将万用表置 R×1 kΩ 挡,红笔接地,黑笔接行输出管的集电极,若阻值在 10 kΩ 左右,表明行输出管正常,若阻值很小,说明行管已击穿。当然有时在路测量不很准确,这时也可将行管取下按表 6-2 中的方法进行检查。对于行输出变压器,一般都是在检查完其他电路都正常的情况下才对它进行代替检查。

任务评价

表 6-10   总分:

数据采集(26 分)	故障验证(15 分)	故障检修(29 分)		其他素质(30 分)	
表 6-6 中每个数据 2 分	表 6-7 中每个故障点 3 分	检修操作(15 分)		团队意识　　(10 分)	
				安全文明　　(10 分)	
		检修报告(14 分)		实训纪律　　(10 分)	
				—	—

任务三　认识场扫描电路

场扫描电路的主要作用是在场偏转线圈中产生水平磁场,使显像管的电子枪完成垂直扫描。长虹 H2158K 的场扫电路主要涉及 LA76810 和 LA7840 两块集成块。

一、工作任务

(1)认识长虹 H2158K 机场扫描电路。

(2)正常数据采集。

二、知识准备

(一)场频信号的产生

长虹 H2158K 的场扫描电路中没有专门的场振荡电路,它的场频信号是由行振荡信号分频得到。

(二)LA76810 相关引脚(见表 6-11)

表 6-11

引　脚	引脚名称	引脚功能	参考电压	
			静　态	动　态
㉓	VER OUT	场激励脉冲输出	2.25 V	2.25 V
㉔	VRAMP ALC	场锯齿波自动控制滤波	2.73 V	2.73 V

（三）LA7840

1. 内部框图

LA7840 的内部框图如图 6-10 所示。

2. LA7840 功能

LA7840 主要能完成场输出的功能。

3. LA7840 各引脚名称及功能（见表6-12）

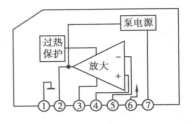

图 6-10　LA7840 框图

表 6-12

引　脚	符号标注	功　能	在路电压/V	说　明
①	GND	地	0	
②	VER OUT	场频锯齿波输出	12.2	电压为场电源电压的一半左右
③	VCC 2	场输出电源	24.3	由泵电源供电
④	Vref	同相输入端	2.2	
⑤	INVERTING IN	反相输入端	2.2	
⑥	VCC 1	场电源	25	
⑦	PUMP UP OUT	泵电源输出	1.8	

三、任务完成过程

（一）电路认识

图 6-11 是长虹 H2158K 电视机的场扫描电路。

1. 主要元件作用或名称

表 6-13 列出了场输出电路各元件的作用。

表 6-13

元　件	作　用
R_{301B}, R_{301A}, C_{321}	R_{301B}, R_{301A} 构成分压电路为④脚提供固定偏压；C_{321} 是交流旁路电容,将电路接成单端输入
R_{228}, C_{229}, R_{302}	R_{228} 是 LA76810㉓脚输出端负载电阻；C_{229} 是高频旁路电容,作用是滤除高频干扰信号；R_{302} 是隔离电阻
R_{309}, C_{307}, V_{D302}	R_{309}, C_{307} 的作用是滤除行频脉冲和其他高频干扰；V_{D302} 是限幅二极管

续表

元　件	作　用
V. DY, C_{306}	V. DY 是场偏转线圈;C_{306}是场输出耦合电容
R_{310}, C_{308}	构成阻尼电路,消除寄生振荡
C_{301}	高频旁路电容
R_{304}, R_{305}, C_{304}, R_{307}, R_{313}, R_{314}	负反馈电路,用于改善场线性
C_{303}	+25 V 电源滤波
C_{302}, V_{D301}	与 LA76810 内部构成泵电源向 LA76810③脚供电
R_{323}	场中心位置调节

2. 场锯齿波信号通路

LA76810㉓脚 → R_{302} → LA7840 ⑤ 脚 → LA7840 ② 脚 → V. DY（场偏转）→ C_{306} → R_{304}→地。

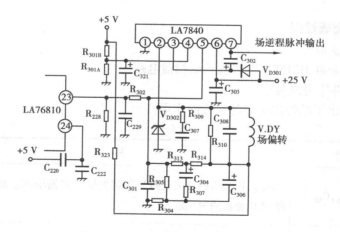

图 6-11　长虹 H2158K 场输出电路

（二）正常数据采集

（1）将测量的数据准确的填在表 6-14 中。

表 6-14

LA76810 相关脚	实测电压	LA7840 引脚	实测电压	LA7840 引脚	实测电压
㉓		①		⑤	
㉔		②		⑥	
—	—	③		⑦	
—	—	④		—	—

（2）将实际测量出的数据（表 6-14 中数据）与表 6-11 和 6-12 中的数据比较看有多大差别。

表 6-14 中的数据是实际测量出来的，是该机正常工作的重要标志，是检修场扫描电路的重要依据，应妥善保管好。

任务评价

表 6-15 总分：

电路认识（30 分）		数据采集（36 分）	其他素质（34 分）	
在图 6-11 中勾出场锯齿波信号通路 （12 分）		表 6-14 中每个数据 4 分	团队意识 （10 分）	
对照图 6-11，在实际机板上找到 R_{301B}，R_{302}，R_{304}，C_{306}，R_{313}，R_{314} （18 分）			安全文明 （12 分）	
			实训纪律 （12 分）	

任务四 场扫描电路常见故障检修

场扫描电路故障的现象主要有水平一条亮线、水平亮带、场线性不良等。与行扫描电路相比故障率要低得多。本任务只针对集成块外围元件引起的常见故障进行检修训练。

一、工作任务

（1）故障验证。

（2）常见故障检修训练。

二、知识准备

LA7840 的几个关键脚电压如表 6-16 所列。

表 6-16

引　脚	参考电压/V	说　明
②	12.2	这个引脚是 LA7840 中 OTL 输出脚,正常电压应为电源电压(⑥脚)的一半左右,它上面的电压正常与否,直接反映 LA7840 工作是否正常
④	2.2	LA7840 接成单端输入时,需要给④脚加上约 2.2 V 的偏压,若没有这个偏压,LA7840 将不工作而造成水平亮线的故障
⑥	25	这是 LA7840 的供电脚,电压正常与否直接影响它的工作

三、任务完成过程

(一)故障验证

(1)将 LA7840 对应各验证点电压填入表 6-17 中。

(2)注意观察各验证点的故障现象,并将所测数据与表 6-14 中的数据比较,看哪些数据有较为明显的变化。

表 6-17

故障验证点	故障现象	LA7840 各脚电压/V							说　明
		1	2	3	4	5	6	7	
R_{301B}断									④脚电压为 0,②脚电压明显升高
R_{302}断									②脚电压有所升高
R_{304}断									②脚电压降为 2.8 V 左右
C_{306}断									②脚电压略有下降,其余各脚电压变化不明显
R_{313}断									
R_{314}断									

(二)故障检修训练

(1)我们先来看一组验证数据,见表 6-18。

表 6-18

故障验证点	故障现象	LA7840 各脚电压/V						
		1	2	3	4	5	6	7
R_{301B} 断	亮线	0	21(12)	23	0(2.2)	2.5	24	0.75(2.2)
R_{302} 断	亮线	0	14(12)	23	2.2	2.2	24	0.75(2.2)
R_{304} 断	亮线	0	3(12)	22	2.2	2.2	24	0.75(2.2)
C_{306} 断	亮带	0	17(12)	22	2.2	2.2	24	1.2(2.2)
R_{313} 断	亮线	0	21(12)	23	2.2	1.2(2.2)	24	0.75(2.2)
R_{314} 断	亮线	0	21(12)	22	2.2	1.2(2.2)	24	0.75(2.2)

①表 6-18 是前面已经验证的一组数据。表中括号内的数是正常电压值,凡与正常电压偏差较明显的地方都将正常值标在旁边。

②C_{306} 是场锯齿波输出耦合电容,它开路应该是水平一条亮线,但实际是亮带,这是为什么呢? 从图 6-11 不难看出,C_{306} 开路后,锯齿波电流可通过 $R_{314} \rightarrow C_{304} \rightarrow R_{307} \rightarrow R_{304} \rightarrow$ 地,但这条路的阻抗太大,结果就出现一条窄亮带。

R_{313},R_{314} 是改善场线性的,它们开路似乎应该是场线性不良,但实践证明是水平一条亮线,这又是什么原因呢? 原来 R_{313} 和 R_{314} 是将输出锯齿波信号反馈到 LA7840⑤脚来改善场线性的,但这个信号不仅有交流成分,也有直流成分。当它们开路时,就改变了 LA7840⑤脚的直流工作电压,故成了一条亮线。

以上两个实例,充分说明实践是检验真理的唯一标准。

(2)按表 6-19 中所列故障设置点设置故障进行检修训练。

表 6-19

故障点	设置人	检修人	完成时间	故障点	设置人	检修人	完成时间
R_{301B} 断				R_{313} 断			
R_{302} 断				R_{314} 断			
C_{306} 断				R_{304} 断			

①对于水平亮线和窄亮带的故障,可参照图 6-12 的检查步骤进行,但此检修步骤图仅供参考,实际检修中完全可以不按这样的步骤。

②检查前要注意观察故障现象,因为水平亮线和水平亮带的故障点还是有所区别的。

③检查时一定要注意不要将故障扩大。

④故障排除后完成表 6-20 检修报告的填写。

表 6-20

姓名：		机号：		机型：	
故障现象					故障元件 编号
故障范围 初步判断					
故障一	检修 过程				
	检修 小结				

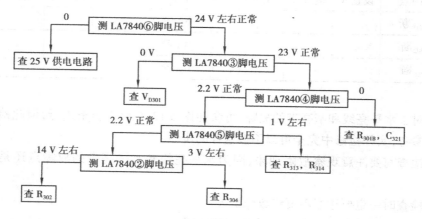

图 6-12　长虹 H2158K 水平亮线或窄亮带检查步骤

四、知识拓展

场扫描电路除了我们训练的水平亮线和水平窄亮带的故障外,电视机自然故障中还常见以下几种,详见表6-21。

表6-21

故障现象	重点检查对象	说　明
场线性不良	R_{305},R_{307},C_{305}	凡具有泵电源的集成块作场输出,顶部回扫线比较常见,这时你只要将泵电源的储能电容(如C_{302})换掉即可
场幅不满	+25 V电压,C_{306},R_{304},R_{305},R_{307},C_{305}	
顶部回扫线	C_{302}	

任务评价

表6-22　　　　　　　　　　　　　　　总分:

故障设置(10分)	故障检修(60分)		其他素质(30分)	
	检修过程(30分)	检修报告(30分)		
要求故障设置准确可靠,认真记录检修人的完成时间			团队意识(10分)	
			安全文明(10分)	
			实训纪律(10分)	

项目七　彩色电视机其他故障维修

[知识目标]

- 会分析色彩不正常的原因。
- 会分析伴音电路故障原因。
- 会分析缺色、偏色的故障原因。

[技能目标]

- 能根据故障现象判断故障大致范围。
- 能检修视放电路、伴音电路、调谐与频段切换电路中的故障。
- 能处理遥控板的常见故障。

电视机开关电源和扫描电路是故障率最高的两个部分,除这两部分外,电视机的其他部分出现故障的概率要小得多,因此本书将这两部分以外的故障纳入其他故障来处理。

任务一　色彩不正常的检修

彩色电视机正常工作时,能重现色彩鲜艳逼真的彩色图像。但有时我们看到的图像颜色很不真实,或者屏幕出现青一块紫一块的现象,这就是电视机出故障了。本任务就是要学会这类故障的检查与排除。

一、工作任务

(1)学会因消磁电路故障引起色斑现象的检修方法。

(2)学会负载波恢复电路故障引起的无色现象的检修方法。

(3)学会因视放电路故障引起偏色现象的检修方法。

二、知识准备

(一)彩色显像管的磁化与消磁

(1)由于结构上的原因,彩色显像管容易被磁化,磁化后将在屏幕上出现色斑的现象,影响收视。

(2)彩色显像管被磁化的主要原因是地球磁场对彩色显像管的磁化作用。为了避免磁化,彩色电视机都设计了自动消磁电路。

(二)彩色电视机色度信号处理

现在的彩色电视机,色度信号处理电路中的大部分都在集成块内部,一般是很可靠的。但负载波恢复电路中的晶振往往还是接在外部,如果晶振变质,产生的负载波频率就不准确,会造成无色彩的现象,这也是现代彩色电视机出现无色彩故障的主要原因。

(三)利用彩色三角形和彩条信号观察彩色故障

(1)在我国的电视制式中,采用的是相加混色法。

(2)利用彩色三角形能十分容易记忆混色效果(见图7-1)。图中表示:红+绿=黄;红+蓝=紫;蓝+绿=青;红+蓝+绿=白。熟悉了混色效果,对偏色故障就能心中有数。例如,发现画面偏黄,就可能是蓝色成分减少;画面偏青就是红色成分减少,等等。

(3)电视彩色信号对观察缺色故障也是很方便的。由图7-2,8条彩条中有红、绿、蓝3个基色信号,如果缺哪种色,对应的彩条将变为黑色,如缺红色,则红色彩条就会变为黑色。

(四)彩色电视的视放管集电极电压与屏幕彩色的关系

现在的电视机,显像管一般都接成阴极调制,即阴极接信号热端,栅极接地。在这种接法中,视放管的集电极电压越低,阴极电压越低,束电流越大,亮度越高。彩色电

图 7-1　彩色三角形

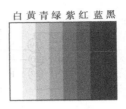

图 7-2　彩条信号

视机有 3 个视放管,它们分别对红、绿、蓝 3 个基色信号进行放大。哪一个视放管的集电极电压降低,对应的基色成分就增大。如放大红基色信号的视放管集电极电压降低,则红色成分就增大,反之则减小。

三、任务完成过程

(一)色斑故障的检查方法

1. 色斑故障的观察方法

色斑故障是指屏幕出现彩色不均匀色块的现象,一般在蓝屏状态下较容易观察出来。

2. 长虹 H2158K 自动消磁电路

电路主要由消磁电阻 R_{T501} 和消磁线圈组成(见图 7-3)。其中,消磁电阻在开关电源部分电路中,消磁线则套在显像管上。

3. 色斑故障 99% 以上都是自动消磁电路的问题(自然故障中也有极少数是显像管的问题)。

自动消磁电路中消磁线圈一般是不会出问题的,所以遇到色斑故障时可直接检查消磁电阻,常见的有消磁电阻脱焊或损坏。必须指出,汇聚不良也会出现类似色斑的现象,但这一般是在显像管的四角出现色斑,而且消磁电路对它不起作用。

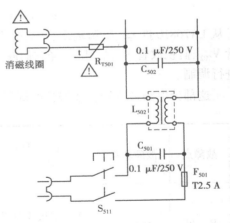

图 7-3　长虹 H2158K 自动消磁电路

(二)无彩色故障的检修方法

长虹 H2158K 的色度信号处理电路大部分在 LA76810 内部,自然故障中,绝大部分的无彩色故障都是负载波恢复电路中的 4.43 MHz 晶振 G_{201} 脱焊或变质造成的,如遇此类故障可直接检查 G_{201}。

(三)缺色或偏色的检修方法

图 7-4 是长虹 H2158K 电视机的视放电路图。红(R)、绿(G)、蓝(B)3 个基色信

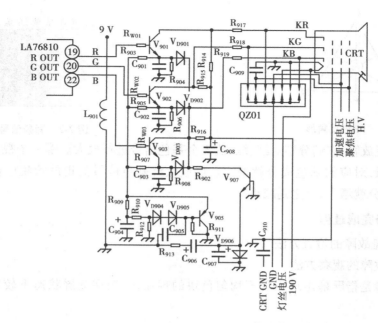

图 7-4　长虹 H2158K 视放电路

号从 LA76810⑲,⑳,㉑脚输出,然后分别经 R_{W01},R_{W02},R_{W03} 送到红视放管 V_{901}、绿视放管 V_{902}、蓝视放管 V_{903} 的基极,经它们放大后由集电极送到显像管红、绿、蓝 3 个阴极上进行调制。

这部分电路造成缺色或偏色的规律见表 7-1 和表 7-2。

表 7-1

故障点	故障现象	视放管电压特征	原因分析
R_{W01} 断	缺红色	V_{901} 基极电压为 0,集电极电压升高	R_{W01} 断→V_{901} 基极电压为 0→V_{901} 截止→V_{901} 基极电压升高→显像管 KR 电压升高截止→缺红色
R_{W02} 断	缺绿色	V_{902} 基极电压为 0,集电极电压升高	自行分析
R_{W03} 断	缺蓝色	V_{903} 基极电压为 0,集电极电压升高	自行分析

表 7-2

故障点	故障现象	显像管阴极电压特征	原因分析
R_{917}断	缺红色	KR 电压升高	R_{917}断→显像管 KR 不能通地→显像管 KR 电压升高→缺红色
R_{918}断	缺绿色	KG 电压升高	自行分析
R_{919}断	缺蓝色	KB 电压升高	自行分析
R_{914}断	偏红色	KR 电压降低	R_{914}断→ + 190 V 不能加到 V_{901}集电极→V_{901}集电极电压下降→显像管 KR 电压降低→偏红色
R_{915}断	偏绿色	KG 电压降低	自行分析
R_{916}断	偏蓝色	KB 电压降低	自行分析

注:在观察电视偏色或缺色故障时,最好将蓝屏关掉。

(四)故障检修训练

(1)按表 7-3 设置故障进行检修训练。

(2)检查方法按表 7-1 和表 7-2 规律进行。

表 7-3

故障点	设置人	检修人	完成时间	故障点	设置人	检修人	完成时间
R_{T501}断				R_{917}断			
G_{201}断				R_{918}断			
R_{W01}断				R_{919}断			
R_{W02}断				R_{914}断			
R_{915}断				R_{916}断			

(3)检修过程中同时完成表 7-4 的填写。

表 7-4

姓名：　　　　　　　　机号：　　　　　　　　机型：

故障现象			故障元件编号
故障范围初步判断			
故障一	检修过程		
	检修小结		

四、知识拓展

（1）电视机视放级中 3 个视放管 V_{901}，V_{902}，V_{903} 和 R_{914}，R_{915}，R_{916} 的功耗较大，温度较高。在电视机自然故障中，它们脱焊造成偏色和缺色的故障有一定的比例，这时仍可按表 7-1 和表 7-2 的规律进行检查。

（2）电视机自然故障中，有一种现象是刚开机时聚焦不良（图像模糊），过一段时间图像就清晰了。这是显像管座漏电的一种表现，这时只要用同规格的显像管座更换即可。

任务评价

表 7-5　　　　　　　　　　　　　总分：

故障分析(30 分)	故障检修(40 分)		其他素质(30 分)	
表 7-1、表 7-2 中每个故障分析　　　(5 分)	检修过程(25 分)	检修报告(15 分)	团队意识(10 分)	
			安全文明(10 分)	
			实训纪律(10 分)	

任务二　常见无伴音故障检修

在电视机自然故障中,无伴音故障占有一定比例。长虹 H2158K 电视的伴音小信号处理在 LA76810 中进行,不容易出现故障,造成无伴音的主要原因是伴音功放部分故障,本任务主要针对功放部分外围元件引起的常见故障进行检修训练。

一、工作任务

(1)认识伴音功放电路。

(2)功放电路常见故障检修。

二、任务完成过程

(一)认识长虹 H2158K 伴音功放电路

1.伴音功放电路组成

本机伴音功放电路的核心是 LA4267。此外还与 CPU 和 LA76810 两块集成块有联系,详见图 7-5。

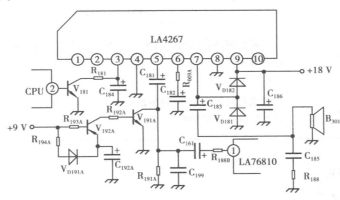

图 7-5　长虹 H2158K 伴音功放

2.LA4267 引脚功能(见表 7-6)

表 7-6

引　脚	功　能	引　脚	功　能	引　脚	功　能
①脚	第一功放同相输入端	⑤脚	第二功放同相输入端	⑧脚	地
②脚	第一功放反相输入端	⑥脚	第二功放反相输入端	⑨脚	电源
③脚	静音控制端	⑦脚	第二功放输出端	⑩脚	第一功放输出端
④脚	地	—	—	—	—

3. 从图 7-5 和表 7-6 可以看出,本机只用了 LA4267 中第二功放

4. LA4267 外围元件主要作用(见表 7-7)

表 7-7

元　件	作　用
V_{181},R_{181},C_{184}	由 CPU②脚输出的静音电压控制。当电视机处于频道切换、自动或半自动搜索选台、TV/AV 切换等状态或按动遥控器的"静音"键时,CPU②脚为高电平,此时 V_{181} 饱和导通,将 LA4267③脚降为低电平,从而实现静音
V_{191A},V_{192A},V_{D191A},C_{192A},R_{193A},R_{194A},R_{192A}	组成关机静音电路。设置关机静音电路的原因是因为电视机在关机或遥控待机时,由于 LA4267 的⑨脚所接退耦电容 C_{186} 容量较大,放电较慢,会出现关机噪声
R_{188B},C_{161},C_{181}	输入耦合元件
R_{009A},C_{182}	负反馈电路的退耦元件
C_{183}	输出耦合电容
R_{188},C_{185}	消除扬声器音圈电感与分布电容之间产生的高频谐振,从而减小音频失真
V_{D181},V_{D182}	组成双向限幅电路,使输出的音频电压只能在 $-9 \sim +9$ V 变化,从而对集成块起保护作用

(二)基本原理

1. 音频信号通路

LA76810①→R_{188B}→C_{161}→C_{181}→LA76810⑤→经 LA76810 内部处理→LA76810 ⑦→C_{183}→B_{301}→地。

2. 静音过程

本机对频道切换、搜索选台、TV/AV 转换等设置了静音功能。当 LA76810③脚为低电平时就处于静音状态,具体工作过程分析如下:

正常收看节目时→CPU②脚电压为低电平→V_{181} 截止→LA76810③脚高电平→电路处于正常放音状态。

当处于频道切换等状态时→CPU②脚电压为高电平→V_{181} 饱和→LA76810③脚低电平→电路处于静音状态。

3. 关机静音过程

关机静音过程如表 7-8 所示。

表 7-8

工作状态	V_{D191A}	C_{192A}	V_{192A}	V_{191A}	LA4267⑤
正常工作	导通	充电至 9 V	截止	截止	不受影响
关机	截止	放电	饱和	饱和	对地交流短路实现静音

（三）LA4267 引脚典型电压（见表 7-9）

表 7-9

引脚	①	②	③	④	⑤	⑥	⑦	⑧	⑨	⑩
电压/V	0	0	9.7	0	0.7	1.2	9.3	0	18	0

（四）LA76810 外围元件引起的无声故障（见表 7-10）

表 7-10

信号通路		静音控制部分	
R_{188B} 断	C_{161} 断	V_{181} CE 击穿	V_{192A} CE 击穿
C_{181} 断	C_{183} 断	C_{184} 击穿	V_{191A} CE 击穿

（五）无声故障检查方法

（1）由于本机使用两个扬声器，而两个扬声器同时损坏的可能性极小，因此，一般都不考虑扬声器损坏。

（2）对于无声故障，一般采用信号注入法比较有效。简单的信号注入法就是用手拿镊子去逐一碰触信号通路各点，并仔细听扬声器中有无"嘟嘟"声，有则表明碰触点后面的电路正常，详见图 7-6。

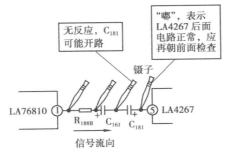

图 7-6　信号注入法示意图

注意检查时可暂时断开 R_{181} 和 R_{191A}，以排除静音控制电路的影响。

（六）故障检修训练

1. 按表 7-11 设置故障进行检修训练

表 7-11

故障点	设置人	检修人	完成时间	故障点	设置人	检修人	完成时间
R_{188B} 断				C_{161} 断			
C_{181} 断				C_{183} 断			
V_{181} CE 击穿				V_{192A} CE 击穿			
C_{184} 击穿				V_{191A} CE 击穿			

2. 检查方法可参考图 7-6

对于自然故障,一般也是按这种方法检查,当所有集成块外围元件故障都排除后,才考虑集成块本身问题。

3. 故障排除过程中将表 7-12 填写好

表 7-12

姓名: 机号: 机型:

故障现象			故障元件编号
故障范围初步判断			
故障一	检修过程		
	检修小结		

任务评价

表 7-13   总分：

电路认识(30 分)	故障检修(40 分)		其他素质(30 分)	
图 7-5 中勾出音频信号通路（10 分）	检修过程 （25 分）	检修报告 （15 分）	团队意识（10 分）	
分析静音过程　　　　　（20 分）				
分析：			安全文明（10 分）	
			实训纪律（10 分）	

任务三　常见收台异常的检修

收台故障主要分信号通道故障和调谐、频道切换电路故障两大类。在自然故障中，信号通道上最常见的是谐振线圈 L_{201} 中谐振电容变质引起的失谐故障，这种故障现象表现为不能锁台或漂台。实际故障不难判断，但维修难度较大，因此本任务不安排实训，而只针对调谐、频道切换电路进行故障分析和实训。

一、工作任务

（1）认识长虹 H2158K 机调谐、频道切换电路。

（2）调谐、频道切换电路常见故障检修实训。

二、知识准备

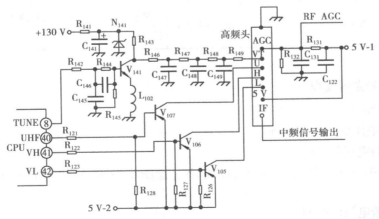

图 7-7　调谐及频道切换电路

（一）调谐电压稳压集成块

现在的彩色电视机高频头需要一个 30 V 的调谐电压，这个电压要求很高，稍有不稳,就会造成漂台的现象。所以彩色电视机的调谐电压的稳压都用集成块来完成。图7-7 中的 N_{141} 就是这块集成块,它电路符号与稳压二极管的符号相同,其实它是集成电路,其外形与普通二极管还是有明显区别的(见图7-8)。

中间脚与边上一脚接通,等效稳压管的负极

图7-8　N_{141} 外形

（二）高频头引脚

高频头各引脚在不同频段时的典型电压见表7-14。

表7-14

引　脚	接收不同频段相关脚电压			说　明
	L	H	U	
IF 脚	—	—	—	IF 是中频信号输出脚,实测无电压
5 V 脚	5 V	5 V	5 V	供电脚,若此脚无电压则不能收台
L 脚	5 V	0	0	接收哪个频段,哪个频段相应引脚的电压就是5 V,另外两脚电压则为0
H 脚	0	5 V	0	
U 脚	0	0	5 V	
VT 脚	0～30 V	0～30 V	0～30 V	不同频道的电压值不同
AGC 脚	2.5～4.2 V	2.5～4.2 V	2.5～4.2 V	高放 AGC 电压输入脚,静态为4.2 V 左右,信号越强,电压越低

三、任务完成过程

（一）电路认识

1. 调谐电压的产生和控制

（1）调谐电压的产生

图7-7 中, +130 V 电压经 R_{141} 限流, N_{141} 稳压获得 32 V 调谐电压, C_{141} 是滤波电容。

（2）调谐电压的控制

CPU⑧脚是调谐控制电压输出脚,搜索时它上面的电压能在5～0 V 间连续变化。整个搜索过程如下:

搜索时,CPU⑧脚电压在5～0 V 间连续变化→V_{141} 集电极电压在0～30 V 间连续变化→经 R_{146}, R_{147}, R_{148}, R_{149}（C_{147}, C_{148}, C_{149} 是滤波电容）将这一变化电压送到高频头

VT 脚进行调谐选台,选中一个电台节目后,电视将自动将其保存。

2. 频段切换

(1)CPU 相关引脚

频段切换控制电压分别由 CPU 的㊵脚(UHF),CPU 的㊶脚(VH),CPU 的㊷脚(VL)送出。这几个脚的电压特点是接收哪一频段节目时,相应引脚为低电平,其余两脚为高电平。比如接收 VH 段节目时,CPU 的㊶脚为低电平;CPU 的㊵脚和 CPU 的㊷脚均为高电平。

(2)切换过程

频段切换过程电压变化情况如表 7-15 所示。

表 7-15

项　目	接收频段								
	L			H			U		
CPU 相关脚电压	㊵	㊶	㊷	㊵	㊶	㊷	㊵	㊶	㊷
	5 V	5 V	0 V	5 V	0 V	5 V	0 V	5 V	5 V
切换三极管状态	V_{107}	V_{106}	V_{105}	V_{107}	V_{106}	V_{105}	V_{107}	V_{106}	V_{105}
	截止	截止	饱和	截止	饱和	截止	饱和	截止	截止
高频头相关脚电压	U 脚	H 脚	L 脚	U 脚	H 脚	L 脚	U 脚	H 脚	L 脚
	0 V	0 V	5 V	0 V	5 V	0 V	5 V	0 V	0 V

(二)调谐电路引起收台异常的检查方法

长虹 H2158K 机调谐电路见图 7-9,在搜索状态,CPU⑧脚和高频头 VT 电压都是连续变化的,是这部分电路特殊的地方。因此,检查调谐电路异常时,最好将电视机调整在自动搜索状态。

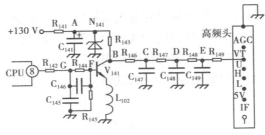

图 7-9　长虹 H2158 调谐电路

1. 高频头 VT 脚电压始终为 0 V 引起的收台异常

这种故障现象是不能搜索出电视台信号。这时可参考图 7-9 和图 7-10 进行检查。

2. 高频头 VT 脚电压始终为某值而不变化

故障的现象是不能搜索出电视台信号或始终为某一电视台信号。检修时可参考图 7-9 和图 7-11。

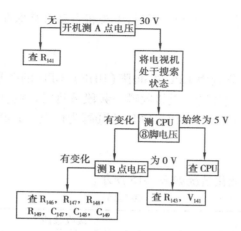

图 7-10　高频头 VT 为 0 的检查流程

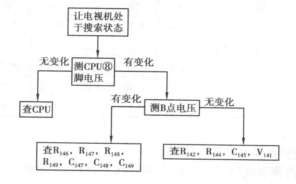

图 7-11　VT 电压不变化检查流程

（三）频段切换常见故障

这种故障表现出来的现象是某频段的电视节目收不到,测高频头相应频段引脚电压为 0 V。图 7-12 是频段切换电路,由表 7-14 可以看出,接收哪个频段,CPU 对应的引脚就为低电平,对应的驱动管饱和,向高频头相应频段引脚供电。这部分电路简单,外围元件少,容易检查。如 L 段的电台收不到,这时只需检查 R_{123},V_{105} 即可。

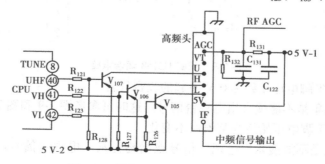

图 7-12　长虹 H1258K 频段切换电路

（四）调谐电路和频段切换电路常见故障检修

这部分电路同学们可按表 7-16 互设故障进行检修训练。

表 7-16

故障点	设置人	检修人	完成时间	故障点	设置人	检修人	完成时间
R_{121} 断				R_{141} 断			
R_{122} 断				R_{146} 断			
R_{123} 断				C_{147} 穿			
R_{142} 断				C_{148} 穿			

检修过程完成同时完成表 7-17 的填写。

表 7-17　　　　　姓名：　　　机号：　　　机型：

故障现象			故障元件编号
故障范围初步判断			
故障一	检修过程		
	检修小结		

任务评价

表 7-18　　　　　　　　　　　总分：

电路认识（30 分）		故障检修（40 分）		其他素质（30 分）
图 7-9 中，L_{102} 断，是什么现象 （15 分）		检修过程（25 分）	检修报告（15 分）	团队意识（10 分）
图 7-12 中，R_{121} 断，是什么现象 （15 分）				
分析：				安全文明（10 分）
				实训纪律（10 分）

任务四　综合能力训练

前面对电视机各部分电路常见故障进行了分析和检修训练,我们的分析能力和解决实际问题的能力应该有所提高,但这还不够。通过本任务学习,你的综合能力将会有进一步的提高。

一、工作任务

(1)遥控板检查方法和常见故障排除。

(2)根据故障现象判断故障的大致范围。

(3)一机多故障检修训练。

二、完成任务过程

(一)遥控板检查和常见故障排除

1.遥控板的结构

图7-13是长虹H2158K电视机的遥控板(其他机型的遥控板与这个类似)。

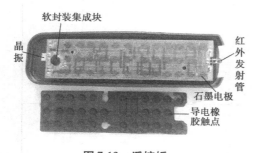

图7-13　遥控板

软封装集成块
晶振
红外发射管
石墨电极
导电橡胶触点

2.遥控板是否工作的检查方法

方法一:

第1步:打开一台调幅收音机,将收音机调在中波段的位置。

第2步:将遥控板靠近收音机,按下遥控板上按键,若收音机里发出"嘟嘟"声,表明遥控板该按键正常。用同样的方法可检查每一按键,如发现哪一个按键按下时收音机不响,则说明这个按键有问题。这个方法的优点是在不打开遥控板的情况下就可准确地检查遥控板的工作情况。

方法二:

第1步:打开遥控板后盖,并让它处于通电状态。

第2步:将万用表置于直流2.5 V或1 V挡,测红外发射管两端电压,同时把导电橡胶触点覆盖在石墨电极上将电极接通。这时如果有0.1 V左右的电压显示(注意指针在不断摆动),表明这个触点是好的,用同样的方法可以检查其他触点。

3.常见故障排除

(1)遥控板部分触点失灵

遥控板只是部分触点失灵,说明它的电路正常。这时可用纯酒精清洗导电橡胶触点和石墨电极。但如果清洗后仍然不行,一般是导电橡胶老化所致,不能再修复了。

（2）遥控板所有触点全部失灵

这种现象一般都是电路板有故障。现在遥控板电路中,除一块集成电路外,其他元件很少,其中最容易损坏的元件是晶振,可用同规格的晶振代替试试。

（二）根据故障现象判断故障大致范围

前面我们都是先指定电视机中某部分电路有故障,然后再对它进行检修训练。在电视机自然形成的故障中,往往只能根据故障现象先判断出故障的大致范围,然后再在这个范围进行查找,这就需要我们有一定的基本功才行。表7-19列出了部分故障现象的大致范围,希望能提高你分析问题的能力。

表 7-19

故障现象	故障大致范围	说　明
无光、无图、无声（三无故障）	电源电路 行扫描电路	对于本机来说,可首先测电源的 + 130 V 输出或测行扫描部分的 + 190 V 输出,将故障范围进一步压缩
水平一条亮线	场扫描	重点检查场输出部分
垂直一条亮线	行偏转回路	故障仅限于 C_{442} , L_{441} , L_{442} ,行偏转线圈几个元件
缺色或偏色	视放部分	首先检查视放板上元件是否有脱焊现象
某个频段收不到电视台节目	频段切换电路	哪个频段收不到台,检查时就必须将电视机置于接收哪一个频段状态
有图像,无伴音	伴音电路	首先检查伴音功放电路部分

（三）一机多故障检修训练

电视机自然故障中,一台电视机往往同时出现几个故障,因此,这里安排了一机多故障的检修训练,以提高我们的检修能力。表7-20是按家用电子产品维修工考试要求列出的故障设置点,请认真进行训练,同时完成表7-21的填写。

表 7-20

故障点	设置人	检修人	完成时间	故障点	设置人	检修人	完成时间
R_{406}断 R_{520}断 R_{121}断				R_{521}断 R_{302}断 R_{141}断			
C_{514}断 R_{209}断 C_{147}穿				R_{519}断 R_{404}断 R_{123}断			
R_{502}断 R_{401}断 R_{188B}断				R_{522}断 R_{301B}断 C_{148}穿			
R_{553}断 R_{313}断 R_{146}断				R_{556}断 C_{306}断 R_{122}断			
V_{D561}击穿 R_{304}断 C_{161}断				V_{511}CE穿 R_{314}断 R_{917}断			
C_{517}穿 R_{304}断 R_{918}断				V_{512}CE穿 R_{401}断 G_{201}断			
C_{517}穿 R_{301B}断 L_{431}断				R_{519}断 R_{406}断 R_{141}断			
R_{502}断 R_{404}断 R_{142}断				V_{511}CE穿 R_{304}断 R_{122}断			

表 7-21

姓名：　　　　　　　　机号：　　　　　　　　机型：

故障现象			故障元件编号
故障范围初步判断			
故障一	检修过程		
故障二	检修过程		
故障三	检修过程		
	检修小结		

三、知识拓展

长虹 H2158K 机采用 I^2C 总线控制方式。它的白平衡、场幅等好多内容都要将系统进入维修状态才能进行。下面介绍一下进入维修系统的方法。

让彩电工作 5 min，使用 K12D 遥控板（随机遥控板），按"音量减"使音量调到"00"，按住遥控板上"静音"键不放，同时按住电视上面板"AV/TV"转换键，当屏幕出现红"S"时，表示进入维修状态。要退出维修状态时，只要遥控关机便可退出。值得注意的是，进入维修状态后，如果要对某项参数进行调整，调整前必须将原始参数记录好，以免造成不必要的麻烦。

任务评价

表 7-22　　　　　　　　　　　　　　　　　　　　总分：

故障检修(70 分)						其他素质(30 分)	
故障一(25 分)		故障二(25 分)		故障三(20 分)		团队意识(10 分)	
检修(15 分)	报告(10 分)	检修(15 分)	报告(10 分)	检修(10 分)	报告(10 分)	安全文明(10 分)	
						实训纪律(10 分)	

模块 3
平板电视机使用与维护

项目八 液晶电视使用与维护

[知识目标]
- 认识液晶电视,明白其结构和工作过程。

[技能目标]
- 会使用和选购液晶电视。
- 能对液晶电视故障进行板级判断。

现在市场上平板电视包括了液晶电视(LCD TV)和等离子电视(PDP TV),与传统的 CRT 显像管电视机相比较,平板电视的特点就是平与薄。平板电视机已成为市场的主流,本模块将以液晶、等离子电视为例来学习平板电视使用与维护。

任务一 认识液晶电视

一、工作任务
(1)掌握液晶电视机的电路组成框图。
(2)能理解液晶电视机各模块电路的作用。

二、任务完成过程
(一)液晶电视机的电路组成框图(见图 8-1)

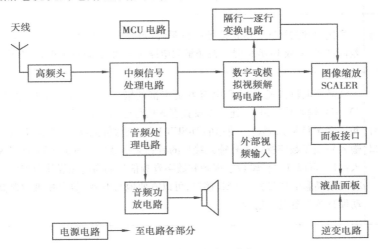

图 8-1 液晶电视电路结构框图

（二）电路作用（见表8-1）

表8-1

电源电路	分为开关电源和 DC/DC 变换器两部分,开关电源将 220 V 交流电压转换成 12 V 直流电压(有些机型为 14 V\18 V\24 V\28 V);DC/DC 将直流电压转换成 5 V\3.3 V\2.5 V 等电压,给小信号电路供电
逆变电路	也叫背光灯高压电路、逆变器,能将低压直流电压转变为液晶板需要的高频高压交流电,点亮液晶面板中的背光灯
接口电路	液晶板与主板接口有 TTL,LVDS,RSDS,TMDS 和 TCON 等 5 种接口,其中,TTL 和 LVDS 接口最为常用
液晶面板	液晶面板也称液晶显示模块,是液晶彩电的核心部件,主要包含有液晶屏、LVDS 接收器(可选,LVDS 液晶屏有该电路)、驱动 IC 电路、时序控制 IC 和背光源等
微控制电路	微控制电路主要包括 MCU(微控制器)、存储器等,是整机的指挥中心
图像缩放处理器	用以对扫描格式变换电路输出的数字图像信号进行缩放处理、画质增强处理等,再经输出接口电路送到液晶面板
隔行—逐行变换电路	其作用是将隔行扫描的图像信号变换为逐行扫描的图像信号,送到 SCALER 电路
视频信号解码电路	将接收到的视频全电视信号进行解码,解调出亮度/色度信号(Y/C)、亮度/色差信号 YUV 或 RGB 信号。视频解码电路可分为模拟解码和数字解码两种类型
外接信号输入接口电路	液晶彩电较普通 CRT 彩电有着更丰富的输入接口,除了常规的 RCA 插口的 AV 信号输入接口以外,还可以设置有 S 信号输入接口,分量信号(两个色差信号和一个 Y 信号),彩显中使用的 D-SUB VGA 信号输入接口(以上都属于模拟视频输入);属于数字视频信号输入接口的有彩显中经常配置的 DVI 数字视频信号输入接口,可以同时传输数字视频和数字音频信号的高清多媒体 HDMI 接口。另外有的液晶彩电还设置了 USB 接口,可以方便地与 U 盘、数码相机的存储卡以及移动硬盘等设备进行连接

续表

伴音处理电路	伴音处理电路主要由音频处理电路和音频功放电路组成,其作用是将接收到的第二伴音中频信号进行解调、音效处理、功率放大,推动扬声器发出声音
高中频处理电路	将接收到的 RF(射频)信号,转换成中频信号,送到中频信号处理电路,经中频信号处理电路解调后,输出视频全电视信号 CVBS 和第二伴音中频信号 SIF,或者直接输出视频全电视信号 CVBS 和音频信号 AUDIO

任务评价

表 8-2   总分:

知识掌握(70分)		其他素质(30分)	
液晶电视机由哪些电路构成 (30分) 答:		团队意识 (10分)	
液晶电视机各部分电路的作用是什么 (40分) 答:		学习态度 (20分)	

任务二 熟悉液晶电视特点及选购要领

一、工作任务

(1)明白液晶电视的特点。

(2)能正确选购液晶电视机。

二、任务完成过程

(一)液晶电视的特点(见图 8-2)

1.液晶电视的优点

(1)图像清晰度高。符合高清数字电视要求,能达到 $1\,024 \times 768$ px。

(2)机身轻薄。是普通 CRT 电视厚度的 1/10 左右。

(3)外观时尚美观。

(4)使用寿命长。液晶电视比传统显像管电视使用寿命更长,能达到 50 000 h以上。

(5)环保节能。液晶电视图像无闪烁,不会对人眼造成伤害。21 in 液晶电视功率为 40 W,30 in 为 120 W,比普通 CRT 彩电省电。

图 8-2　液晶电视机

2．液晶电视的缺点

（1）液晶电视机的液晶显示器反应速度比 CRT 显像管慢，图像的动态表现不够理想。

（2）在显示品质方面，液晶屏因是透光式显示，其明亮度比传统 CRT 显示器弱。理论上液晶显示器只能显示 18 位色（约 262 144 色），但 CRT 显像管的色深几乎是无穷大。

（3）LCD 的可视角度相对 CRT 显示器来说是比较小的。

（4）LCD 显示屏比较脆弱，容易受到损伤。这就提高了液晶电视的使用和维护难度。

（二）液晶电视选购要领

1．检查液晶屏有无坏点

坏点是 LCD 液晶屏最常见的问题，选购时应仔细观察。

2．检查可视角度

可视角度应越大越好，选购者应仔细询问和查看液晶屏的技术参数，理论上液晶显示器的可视角度应是左右对称的和上下对称的。也就是从左边或是右边可以看见银幕上图像的角度是一样的，由上往下或是由下往上可以看见银幕上图像的角度是一样的。例如，左边为 60°可视角度，右边也一定是 60°可视角度。

3．检查亮度的明亮程度和均匀性

亮度是指画面的明亮程度，单位是 cd/m^2 或称 nits。液晶屏的亮度不能过低，亮度过低则不能反映视频图像的细节。屏幕的亮度均匀性也很重要，可通过将画面切换到黑屏状态下，来观察亮度不均匀的情况。

4．检查色彩的呈现能力

色彩丰富细腻，才能还原更接近真实度的图像，检查液晶电视机的色彩还原能力和选择有更多色彩调整功能的机型则有利于自己调整出更接近自然色彩的图像。

5．检查对比度效果

对比度越高，色彩的渐层效果会更明显，颜色的表现更活泼、丰富。

6．检查响应时间

响应时间的长短直接决定动态图像的质量，液晶电视的显示响应时间如果偏长，运动图像就容易出现残影和拖尾，因此这一指标应该是越小越好。现在的液晶屏都做到了 16 ms 左右的响应速度，选购时要检查技术参数，响应时间应小于 16 ms。

7．检查图像分辨率

液晶电视的分辨率是固定的，不像电脑液晶显示器那样，可以调节分辨率。液晶电视的固定分辨率同时也是它的最佳分辨率。对于液晶电视而言，分辨率是重要的参数之一。目前液晶电视主要有 800 × 600,1 280 × 768 与 1 366 × 768 等几种常见分辨率。

8. 寿命

寿命不低于 5 万 h。

9. 售后服务质量

售后服务质量也是值得购买者考虑的问题。

任务评价

表 8-3   总分:

市场调查(70分)		其他素质(30分)	
市场调查途径	(30分)	团队意识	(10分)
目前市场上液晶电视机的品牌有哪些	(20分)	安全文明	(10分)
能说出 1 ~ 3 个品牌液晶电视机的技术参数	(20分)	沟通能力	(10分)

任务三　液晶电视的使用与维护

一、工作任务

(1)能正确使用液晶电视机。

(2)了解海尔 LB32K1 液晶电视机电路结构及电路接口定义。

(3)会对液晶电视机的故障进行板级判断。

二、任务完成过程

(一)液晶电视的使用注意事项

1. 不要长时间显示静止画面

长时间显示静止画面对屏幕是有损害的,也容易使显示屏出现坏点,因此,如果长时间不使用应降低亮度,当然最好是关机。

2. 使用推荐的分辨率

液晶显示屏在厂家推荐的分辨率下使用是对屏幕的一种保护,才能呈现最优质的画面。

3. 保护好液晶屏幕

液晶显示屏是比较脆弱的,外力碰触或撞击,很容易造成液晶屏的损伤。液晶屏损伤后不可修复。

4. 屏幕的清洁

如果屏幕上有灰尘,用微湿的软棉布轻拭即可,不可用化纤织物。如果比较脏,就要选用专用清洁剂。

5.保持干燥度,防止屏幕结露

潮气会导致漏电和短路现象,甚至烧毁电视机,因此要保持干燥,即使不看电视也要定期开机通电,以便驱除机内湿气。如遇结露情况,用户应请厂家协助解决问题,切忌让强光直接照射液晶屏幕,以免提前老化。

（二）海尔 LB32K1 电路结构图（见图8-3）

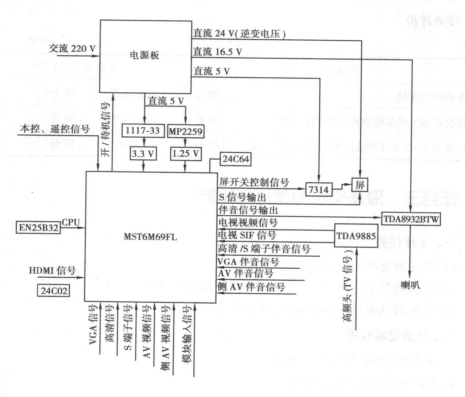

图8-3 海尔 LB32K1 电路结构图

（三）海尔 LB32K1 各模块视图、接口定义

1.机芯板视图（见图8-4）

2.机芯接口定义（见表8-4）

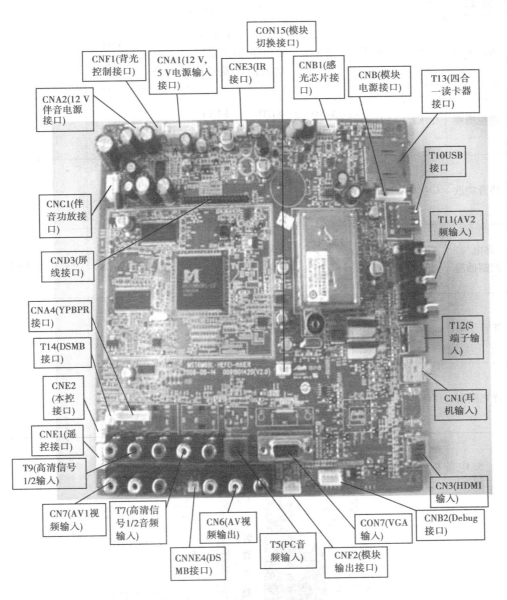

CON15(模块切换接口)

CNF1(背光控制接口)

CNA1(12 V, 5 V电源输入接口)

CNE3(IR接口)

CNB1(感光芯片接口)

CNB(模块电源接口)

T13(四合一读卡器接口)

CNA2(12 V伴音电源接口)

T10USB接口

CNC1(伴音功放接口)

T11(AV2频输入)

CND3(屏线接口)

CNA4(YPBPR接口)

T12(S端子输入)

T14(DSMB接口)

CN1(耳机输入)

CNE2(本控接口)

CNE1(遥控接口)

T9(高清信号1/2输入)

CN3(HDMI输入)

CN7(AV1视频输入)

T7(高清信号1/2音频输入)

CN6(AV视频输出)

CON7(VGA输入)

CNB2(Debug接口)

CNNE4(DSMB接口)

T5(PC音频输入)

CNF2(模块输出接口)

图 8-4　机芯板视图

表 8-4

插座名	位号	规格	1 脚	2 脚	3 脚	4 脚	5 脚	6 脚	7 脚
遥控插座	CNE1	PH-5	5 V	IR(遥控信号输入)	LED-R(待机红信号)	LED-B(待机蓝信号)	GND(地)		
键控插座	CNE2	PH-4	GND(地)	KEY0(键控0)	KEY1(键控1)	5 V			
伴音功放	CNC1	TJC3-4	L+(左声道输出)	GND(地)	GND(地)	R+(右声道输出)			
供电与控制插座	CNA1	TJC3-7	PW/ON(供电关/开)	GND(地)	5 VSTB(待机5V电源)	GND(地)	GND(地)	12 V	12 V
伴音供电	CNA2	TJC3-4	12 V	12 V	GND(地)	GND(地)			
背光控制	CNF1	PH-4	ADJ(背光调整)	PBON(背光开启)	GND(地)	5 V			

3. 电源视图(见图 8-5)

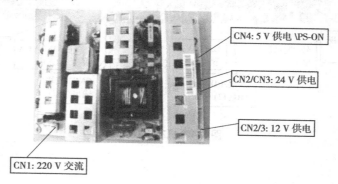

图 8-5   电源视图

电源模块接口定义见表 8-5。

表 8-5

插座名	电源插座	机芯供电插座	机芯供电插座	背光供电插座	伴音供电插座
位　号	CON1	CON3	CON5	CON1	CON4
规　格		TJC-7	TJC3-2	TJC3-10	TJC3-4
1 脚	L(火)	GND(地)		GND(地)	GND(地)
2 脚	NG(空)	GND(地)	GND(地)	GND(地)	GND(地)
3 脚	N(零)	GND(地)		GND(地)	12 V
4 脚		12 V		GND(地)	12 V
5 脚		12 V		GND(地)	
6 脚		12 V		24 V	
7 脚		12 V		24 V	
8 脚				24 V	
9 脚				24 V	
10 脚				24 V	

4. 模卡接口视图(见图 8-6)

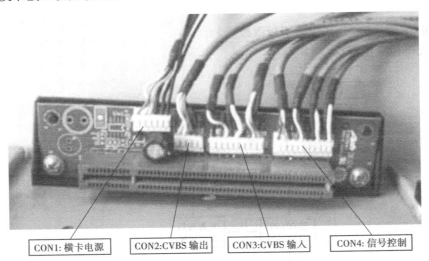

CON1: 横卡电源　　CON2:CVBS 输出　　CON3:CVBS 输入　　CON4: 信号控制

图 8-6　模卡接口视图

模卡接口定义见表 8-6。

表 8-6

插座名	模卡电源插座	CVBS 输出插座	CVBS 输入插座	DSMB 控制插座
位 号	CON1	CON2	CON3	CON4
规 格	PH-6A	PH-4A	PH-9A	PH-10A
1 脚	12 V	L(左声道输出)	GND(地)	TTX(通信接口)
2 脚	12 V	R(右声道输出)	R(右声道输入)	TRX(通信接口)
3 脚	12 V	GND(地)	L(左声道输入)	GND(地)
4 脚	GND(地)	OUT(视频输出)	GND(地)	VT1(调谐电压输入)
5 脚	GND(地)	GND(地)	IN(视频输入)	LINE-ON(线路通断开关)
6 脚	GND(地)		GND(地)	GND(地)
7 脚			PRIN(逐行红色差信号输入)	GND(地)
8 脚			PBIN(逐行蓝色差信号输入)	IR(遥控信号输入)
9 脚			YIN(亮度信号输入)	GND(地)
10 脚				COME-IN(调试接口)

(四)简要故障判定(仅限于板级维修)

1. 无电检查流程(见图 8-7)

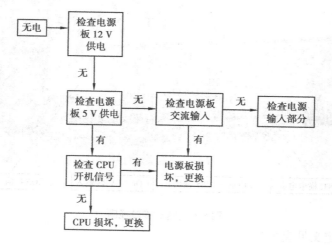

图 8-7　液晶电视无电检查流程图

2. TV 无信号检查流程(见图 8-8)

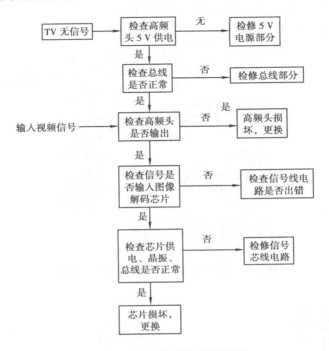

图 8-8　TV 无信号检查流程图

3. 背光不亮/背光常亮检查流程(见图 8-9)

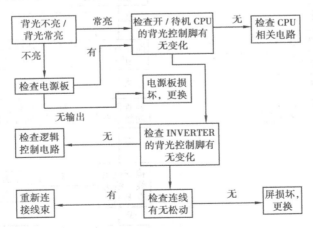

图 8-9　背光不亮/背光常亮检查流程图

4. 白屏/花屏/缺色/少色检查流程(见图 8-10)

5. 伴音检修流程(见图 8-11)

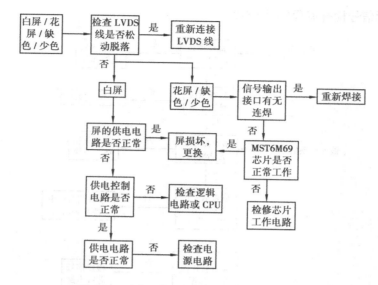

图 8-10　白屏/花屏/缺色/少色检查流程图

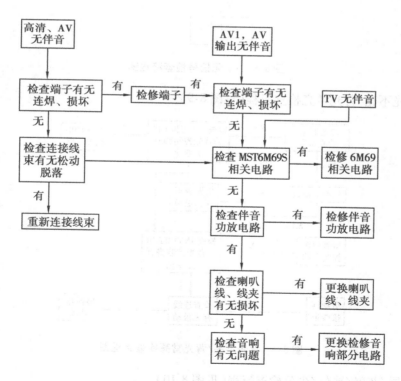

图 8-11　伴音检修流程图

任务评价

表 8-7   总分：

知识技能（70 分）		其他（30 分）	
能正确使用液晶电视机	（10 分）	团队意识	（10 分）
海尔 LB32K1 各模块接口功能是什么	（30 分）	安全文明	（10 分）
能对液晶电视进行板级维修故障判断	（30 分）	学习态度	（10 分）

项目九　等离子电视使用与维护

［知识目标］
● 认识等离子电视机,明白其结构和工作原理。

［技能目标］
● 能正确使用和选购等离子电视机。
● 会测试等离子电视机的各供电电压,并进行板级维护。

任务一　认识等离子电视

一、工作任务

（1）掌握等离子电视机电路的基本组成。

（2）能理解等离子电视机各模块电路的作用。

二、任务完成过程

（一）等离子电视机（PDP TV）概述

等离子电视（Plasma Display Panel）称为等离子电视,它是在两张超薄的玻璃板之间注入混合气体,并施加电压利用荧光粉发光成像的设备,如图 9-1 所示。与 CRT 显像管显示器相比,具有分辨率高,屏幕大,超薄,色彩丰富、鲜艳的特点。与 LCD 相比,具有亮度高,对比度高,可视角度大,颜色鲜艳和接口丰富等特点。

（二）等离子电视机基本组成及电路板作用

等离子电视机可分为等离子显示屏部件和系统处理及信号处理部件两大部分。

图9-1 等离子电视

1. 等离子显示屏部件

等离子屏是由一个个等离子管排列而成的 PDP 玻屏、金属基板和电子线路板部件组成。等离子显示屏部件相当于传统电视的显像管。但与普通电视机的显像管有许多本质的不同。如它不需要电子束对荧光粉的轰击;不需要高达几万伏的阳极高压;也不需要行场偏转线圈来对电子束的轨迹定位。没有了电子枪,等离子显示屏可以做得很薄,重量也很轻。

电源板是等离子屏里最重要的部件之一,其主要作用是给整个等离子电视机提供电源,不但提供给等离子屏,也提供给和等离子屏相配套的各种小信号处理板。

Y 驱动电路板部件也是很重要的部件,主要承担等离子屏在水平方向上的扫描驱动,是等离子电视的主要"耗电大户"。一台等离子电视机的额定功耗有 60% ～70% 是消耗在 Y 驱动电路板部件上。由于 Y 驱动电路板工作在大功率、高压状态,因此,实际维修中,其故障率是比较高的。Y 驱动电路板部件的另一个作用就是在逻辑板的时序控制下,对屏进行驱动,因此,Y 驱动电路板损坏,一般会导致黑屏(等离子屏不发亮)、花屏(图像杂乱无章)、烧坏 Y 选址电路等。

X 驱动板(LG 公司生产的称为 Z 板)也是等离子屏里耗电多的部件,实际维修中也发现有一定比例的损坏。X 驱动板损坏的故障现象一般为屏暗、黑屏或花屏(有色斑)。X 驱动板也有自己的工作时序,必须在逻辑板的时序控制下工作。当 X 驱动电路板和 Y 驱动电路板的工作时序不对或逻辑板送过来的工作时序不对时,等离子屏往往会出现图像显示方面的故障。

目前国内厂家采用的大部分是韩国的三星屏或 LG 屏,也有部分厂家采用了松下屏。某些等离子屏附带电路板里的电源板组件,由屏生产厂家直接提供;有些国内等离子电视生产厂家进口的等离子屏不带电源板或所带电源板组件不能满足整机电路的要求,厂家则自行开发电源板部件。

2. 系统处理及信号处理部件

等离子屏一般只能接受 LVDS 格式的信号。在等离子电视机里,必须把所有的信号都转换为 LVDS 信号,等离子屏才能显示图像。等离子彩电与传统的彩电一样,需要射频信号解调、模数转换、音频处理、音频功放、系统控制等电路,只是没有显像管的行场扫描电路。

任务评价

表 9-1　　　　　　　　　　　　　　　　　　总分：

知识掌握（70分）		其他素质（30分）	
等离子体显示板是怎样工作的　　　　（30分）		团队意识　　　（10分）	
答：			
等离子体电视机的组成　　　　　　　（20分）		安全文明　　　（10分）	
答：			
等离子体电视机各组成部件的作用　　（20分）		学习纪律　　　（10分）	
答：			

任务二　熟悉等离子电视特点及选购要领

一、工作任务

（1）明白等离子电视的特点。

（2）能正确选购等离子电视机。

二、任务完成过程

（一）等离子电视的特点

PDP 彩色电视机具有高亮度、宽视角、全彩色和高对比度等特点，意味着 PDP 彩色电视机的图像更加清晰，色彩更加鲜艳，感受更加舒适，效果更加理想。

（1）厚度超薄，可以做到 40 in 以上的大屏幕，其厚度不到 10 cm。

（2）体积小、重量轻，而且无 X 射线辐射。

（3）显示亮度非常均匀，不受磁场影响，不存在聚焦问题，不会产生色彩漂移现象。

（4）与 LCD 显示器相比，PDP 显示器的亮度更高，色彩还原性更好、灰度更丰富，且对迅速变化的画面具有响应速度快等特点。使用 PDP 显示器，还能在明亮的环境下尽情地欣赏大画面的视讯节目。

（5）PDP 彩色电视机的视角高达 160°，故特别适合公共信息显示、壁挂式大屏幕电视和自动监视系统。

PDP 彩电也存在着自身的弱点：一是因显示屏极薄，故比较脆弱，不能承受外力冲击。二是耗电量大，PDP 显示屏的每一颗像素都是独立自行发光的，相比 CRT 显像管而言，耗电量自然增大，一般 PDP 彩色电视机的耗电量高于 300 W。三是发热量大，PDP 彩色电视机的背板上装有多组风扇用于散热。四是驱动电路复杂，成本较高。

（二）等离子电视选购要领

（1）画面要好：清晰度要高，层次感要强，色彩要丰富自然，让人赏心悦目。

（2）功耗要低：因等离子电视的功耗大，因此，在选购时挑一个低功耗的产品也是很有必要的。

（3）品牌要好：大品牌和知名品牌是有质量保证的。

（4）售后服务要好：售后服务方面也是要考虑的重要因素，一般而言国内知名品牌服务点较多，维修较为便利。

（5）像素要高：目前等离子电视机分辨率有 vga（像素权 852×480），xga（1 024×780 像素），以及富士通日立独有的 alis（1 024×1 024 像素）3 类，达到 xga 的等离子电视机能够符合高清信号的最基本要求（720 p）。

（6）亮度适中：目前等离子屏的亮度基本都达到了 1 000 cd/m^2，也有些 7 500 cd/m^2 或者640 cd/m^2，相比其他类型的电视机，等离子电视机亮度清澈透亮，色彩均匀。固然亮度越高就代表了技术更高，不过亮度也并不是越高越好，一般 1 000 cd/m^2 已经完全够用，过高长时间看电视会导致眼睛更容易疲劳。

（7）接口要多：只需要注意所选购的等离子电视机是否带有 dvi 或者 hdmi 数字接口，以便于将来收看高清节目。

另外，选购等离子电视还应该重视现场测试效果，特别需要注意以下 4 点：

①黑色还原能力。先关掉电源，在没有画面显示的情况下比较显示屏够不够黑，再启动电视，看画面启动时应该黑的地方是否呈黑色，如果画面颜色带黄带绿，代表影像质素不是太好。

②昏暗场景要层次分明。播放一些昏暗的片段，留意一些未全黑的画面，如夜晚的街景，如果等离子屏质素高的话，应该看到黑色暗色的分明层次。

③细辨有无锯齿现象。影像处理器对等离子电视机的最终表现效果相当关键，可留意画面的弧位和斜线位，是否会出现"狗牙"现象，如果无此现象说明等离子电视机的影像处理很过硬。

④看颜色渐变是否自然。一般等离子显示屏的颜色数量标准是 1 677 万色（现在也有达数十亿色彩的等离子电视机，但不便宜），选择时可留意颜色的渐变是否自然。

任务评价

表 9-2　　　　　　　　　　　　　　　　　　　　　　　　　　　　　　　　　　　　总分：

市场调查（70 分）		其他素质（30 分）	
市场调查途径	（30 分）	团队意识　　　（10 分）	
答：			
目前市场上等离子电视机的品牌有哪些	（20 分）	安全文明　　　（10 分）	
答：			
能说出 1～3 个品牌等离子电视机的技术参数　（20 分）		沟通能力　　　（10 分）	
答：			

任务三　等离子电视的使用与维护

一、工作任务

(1)能正确使用等离子电视机。

(2)了解 PDP46SB 等离子电视机电路结构、作用及工作原理。

(3)会对等离子电视机的故障进行板级判断。

二、任务完成过程

(一)等离子电视的使用注意事项

1.防热防尘防潮

因等离子电视机耗能大,发热多,故热、尘、潮就成为等离子电视最常见的杀手,如果长期散热不当,将对等离子屏造成致命性伤害,甚至是烧毁。因此,使等离子电视有良好的散热与通风条件是非常必要的。

尘土的堆积有两方面的危害:一是影响散热,使机内温度升高导致等离子屏的加速老化。二是尘土本身所带的静电也会危害等离子屏的安全。

等离子电视使用惰性气体在高电压下放电发光,这种实现方式对空气湿度有严格要求,保持良好的室内湿度不仅是舒适生活的选择,而且是对等离子屏的保护。

2.不要长时间显示静止画面

等离子屏长时间显示静止画面,使每个等离子气室的放光状态不改变,整个画面就会像影子一样印在屏幕上,造成损伤,这种损害是不可修复的。

3.正确清洁等离子屏

等离子屏的清洁可以使用专用清洁液,或者是使用干燥柔软的毛巾轻轻擦拭即可,不要选择水作为最常用的清洁剂,用水擦洗等离子屏会留下像油污一样的斑点,或者是水痕,这种损害也是永久性的。

(二)等离子电视结构(以 PDP46SB 中华屏为例)

模组:1 个显示屏;10 块印刷电路板:1 块 X 驱动板、1 块 Y 驱动板、2 块 X 驱动接口板、2 块 Y 驱动接口板、1 块 DIF 板(数字处理板)、1 块电源板。

其他:1 块 VIF 板(数字输入接口板)、1 块高频头板、1 块视讯板、1 块功放板、1 块按键板、1 块遥控接收板、1 个电源滤器、2 个喇叭。

(三)整机实物图(见图 9-2)

(四)工作流程

打开电源开关后,电源板传送待机 5 V 给微处理器,微处理器等待从键板或遥控接收器发出的 ON 信号。当检测到键板或遥控接收器的 ON 信号时,微处理器传送 ON 控制信号给电源,电源传送电压(CVs, Vxg, Vw, Vf, Vdd, Vcc, and + av)给 PCB 供其工作,同时 VIF 将传送数字信号至 DIF 板。数字信号经 DIF 板分析处理后输出逻辑信号到 X 驱动、Y 驱动、寻址板,驱动 PDP 屏来达到显示图像的目的。如输入音频信号,扩大器将其扩大并传送给喇叭。如检测到非正常信号时(如过压、过流、过温及欠压),系统会关闭电源。

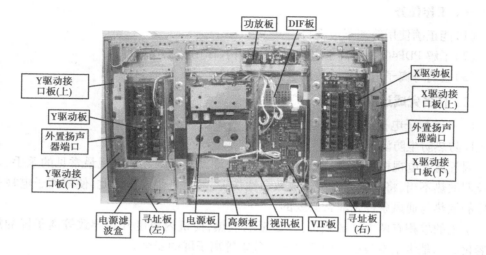

图 9-2　整机实物图

（五）电路板功能（图 9-3）

1. 电源板（见表 9-3）

（1）输入电压：交流电 110～240 V,47～63 Hz。

（2）输入电压范围：90（最小）～265 V（最大）自动稳压。提供电源给所有印刷电路板。

图 9-3　电源板

2. VIF 板

将 TV,AV,S-VIDEO,PC 和 D-SUB 信号转换成数字信号,并对所输入的信号的分辨率进行换算以及压缩处理工作流程见图 9-4。

表9-3   电源输出规格

名　　称	输出电压/V	最大荷载能力	尖峰负荷
待机电源电压（VSB）	5	1.0 A	
主控 CPU 电压（VBB）	5	2.0 A	
主控 CPU 电压（VCC）	5	3.0 A	
小信号供电电压（VAU）	9	2.0 A	
风扇电源电压（VFAN）	12	0.5 A	
功放供电电压（VF）	15	0.6 A	
屏供电电压（VS）	170	290 W	50 A
屏供电电压（VW）	65	80 W	6 A
屏供电电压（VXG）	−160	0.1 A	1 A

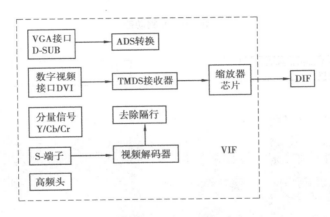

图9-4   VIF 板工作流程图

3. DIF 板

将来自 VIF 板的数字信号进行逻辑处理,输出给 X 驱动、Y 驱动、寻址板,它在电路中的位置见图9-5。

图9-5   DIF 板在电路中的位置

4. X/Y 驱动

作用是接收来自 DIF 板的数字信号和高压源,输出扫描时序信号给模组,从 X/Y 驱动器接收信号,输出水平扫描时序给 PDP 屏,它们的外形图见图9-6 和图9-7,电源规格见表9-4和表9-5。

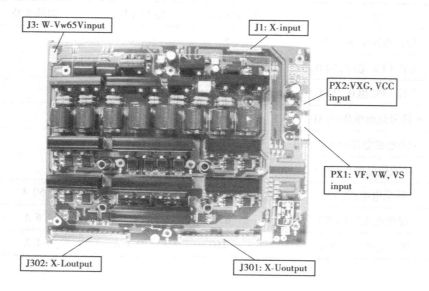

图9-6 X驱动器

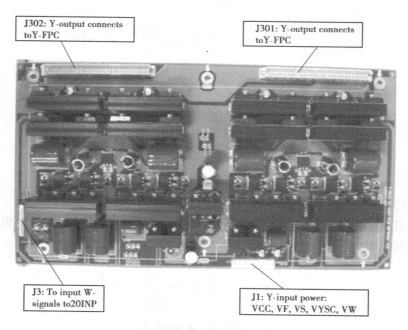

图9-7 Y驱动板

表 9-4　X 驱动器电源规格

输入项目	输入直流电压/V	输入直流电流/mA	备　注
主控 CPU 电压(VCC)	5	240	
功放供电电压(VF)	15	70 (满屏白色)	正常范围:40～150 mA
屏供电电压(VS)	170	1.2 A	正常范围:1.0～1.5 A
屏供电电压(VXG)	−160	40	
屏供电电压(VW)	65	40	

表 9-5　Y 驱动器电源规格

输入项目	输入直流电压/V	输入直流电流/mA	备　注
主控 CPU 电压(VCC)	5	240	
功放供电电压(VF)	15	70 (满屏白色)	正常范围:40～150 mA
屏供电电压(VS)	170	1.2 A	正常范围:1.0～1.5 A
屏供电电压(VW)	65	40	
屏供电电压(VYSC)	65	8	

5. W-COF 延展板

输出寻址信号。

6. 功放板

放大伴音信号给选定的内置或外置喇叭。

7. TV 高频头板

转换 TV 高频头信号成音频和视频信号,再传送给 VIF 板,音频输出给音频板。

(六)电路板故障简单分析

1. DIF 板

(1)屏上的非正常噪波点。

(2)无图像。

2. VIF 板

(1)缺色,色比例差。

(2)无色无画面但有信号输入,OSD 和背光,屏上的非正常噪声。

3. 电源故障

无图像,无电源输出。

4. X 驱动板

（1）无图像。

（2）颜色不够丰富。

（3）屏上闪烁点。

5. Y 驱动板

信号图像较暗。

6. 功放板

无伴音（确认状态：静音/内置，外置喇叭）。

7. X/Y 驱动板

板上元件的工作温度约为 55 ℃，如温升超出正常值也会引起故障。

8. X 驱动接口板（见图 9-8）

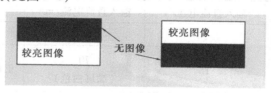

图 9-8　X 驱动接口板故障现象

9. Y 驱动接口板（见图 9-9）

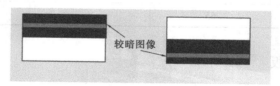

图 9-9　Y 驱动板故障现象

（七）等离子电视维修及注意事项

1. 拆后盖注意事项

注意螺钉大小并保存好，以防丢失。VGA/DVI 六角螺钉最好固定原处。

2. 搬运等离子机身，不要伤着屏幕

屏幕不能受力，以避免损伤屏幕。

3. 拆卸电路板

（1）关掉 220 V 电源，使机内放电结束（3 s 以上），并将手作静电处理后再进行。

（2）电源固定电路板上的螺钉注意螺钉颜色。注意公司使用的螺钉颜色与屏商的不同。

（3）不要动固定屏的螺钉及屏驱动电路上的电位器。

（4）等离子屏驱动电路不要拆卸。屏驱动电路易受静电损坏；屏驱动连线折断，将导致屏多根线上的等离子体不工作，这将是终身损坏，无法再生。故在需要取连接线

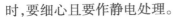

时,要细心且要作静电处理。

(5)器件替换

最好使用公司指定的元件。有些零件有耐火和耐电压的安全性,故替换这些零件时,确保使用相同特性的零件。

(6)零件固定和整机连接线复原。

任务评价

表9-6   总分:

学习实践(70分)		其他素质(30分)	
能正确使用等离子电视机	(10分)	团队意识	(10分)
调查两种品牌等离子体电视机的电路结构	(30分)	安全文明	(10分)
测试等离子体电视机各电路板供电电压	(30分)	操作规范	(10分)

附　录

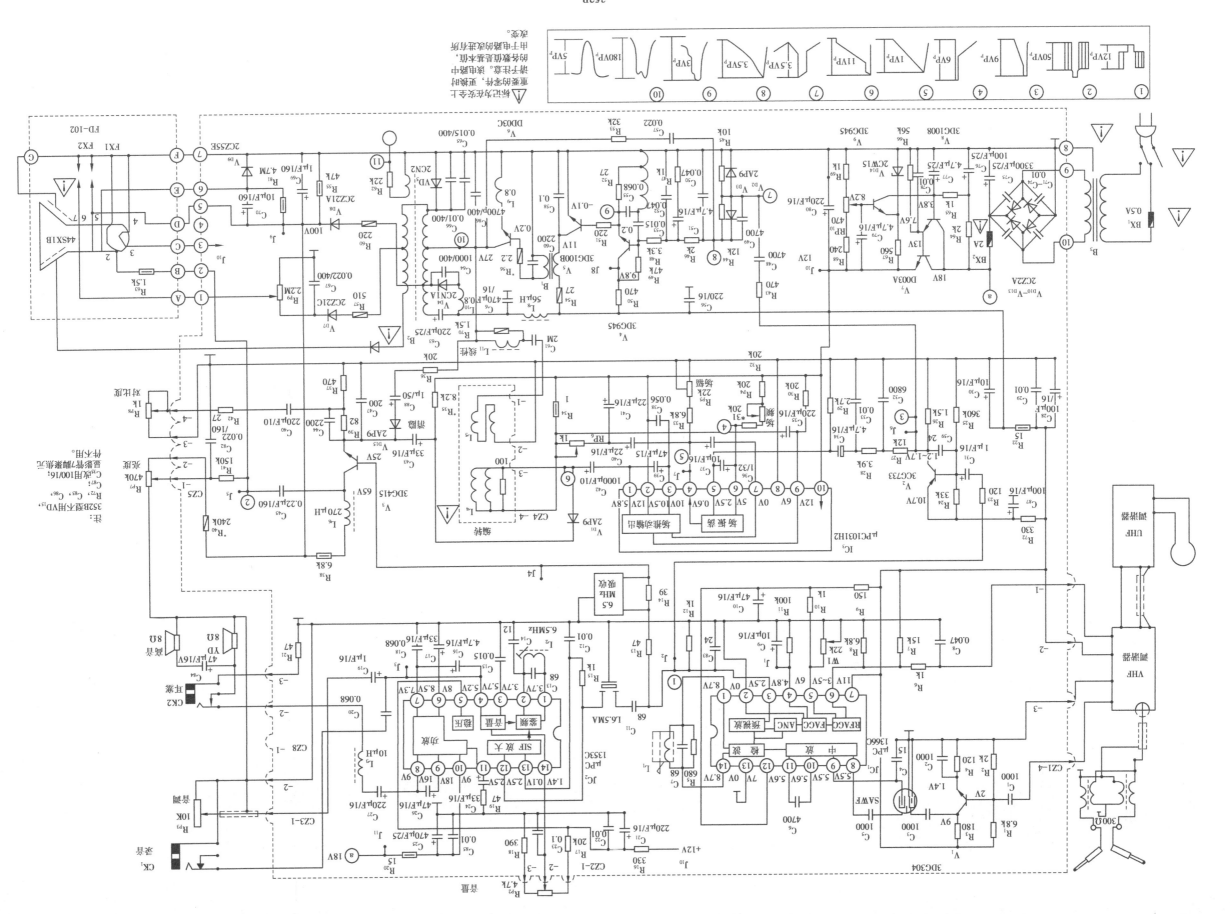

附录 I SQ-352B 352A 彩色电视机电路原理图

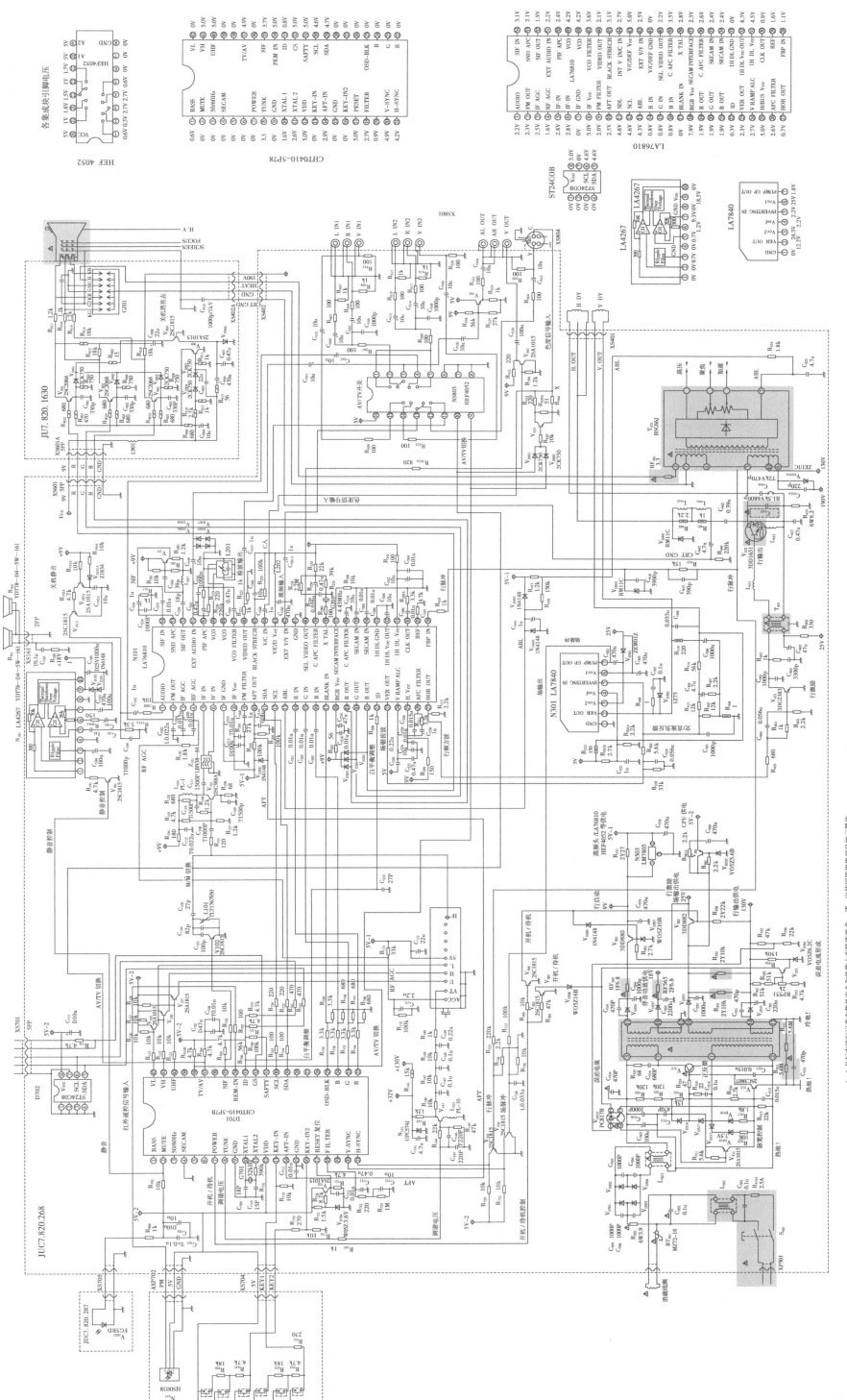

附录 2　长虹 H2158K 电路图

1. ⚠ 凡标有标识记者在整机性能上有特殊要求，请一定使用用原规格型号的元器件
2. ⏚ 冷地　⏚ 热地

附录3　常用三极管

型　号	类　型	耐压/V	电流/A	功率/W	型　号	类　型	耐压/V	电流/A	功率/W
高放管 9011	NPN	50	0.03	0.4	彩显行管 C5129	NPN	1 500	8	50
低放管 9012	PNP	50	0.5	0.625	大屏彩行 C5144	NPN	1 700	20	200
低放 9013	NPN	50	0.5	0.625	高速高频 行管 C5149	NPN	1 500	8	50
低放 9014	NPN	50	0.1	0.4	彩行 C5207	NPN	1 500	10	50
低放 9015	PNP	50	0.1	0.4	彩行 C5243	NPN	1 700	15	200
高放 9018	NPN	30	0.05	0.4	彩行 C5244	NPN	1 700	15	200
高放 8050	NPN	40	1.5	1	开关管 C5250	NPN	1 000	7	100
高放大 8550	PNP	40	1.5	1	大屏彩显 行管 C5331	NPN	1 500	15	180
开关 2N2369	NPN	40	0.5	0.3	通用 D400	NPN	25	1	0.75
3DD15D	NPN	300	5	50	视频放大 D667	NPN	120	1	0.9
通用 A1015	PNP	60	0.15	0.4	视频放大 D669	NPN	180	1.5	1
通用 C1815	NPN	60	0.15	0.4	彩行 D820	NPN	1 500	5	50
彩行 C1942	NPN	1 500	3	50	彩行 D870	NPN	1 500	5	50
视放 C2068	NPN	300	0.05	1.5	D880	NPN	60	3	10
视频开关 C2383	NPN	160	1	0.9	音频功放 开关 D882	NPN	40	3	30
彩行 C3688	NPN	1 500	10	150	彩行 D898	NPN	1 500	3	50
低噪 C3807	NPN	30	2	1.2	彩行 D951	NPN	1 500	3	65
开关管 C3886	NPN	1 400	8	50	开关管 D1397	NPN	1 500	3.5	50
视放 C3953	NPN	120	0.2	1.3	开关管 D1398	NPN	1 500	5	50

续表

型号	类型	耐压/V	电流/A	功率/W	型号	类型	耐压/V	电流/A	功率/W
大屏视放管 C4913	NPN	2 000	0.2	35	电源开关 MJ10015	NPN	400	50	200
彩行 D1403	NPN	1 500	6	120	电源开关 MJ10016	NPN	500	50	200
彩行 D1555	NPN	1 500	5	80	视放 MJE340	NPN	300	0.5	20
彩行 D1651	NPN	1 500	5	60	视放 MJE350	PNP	300	0.5	20
彩行 D1710	NPN	1 500	5	50	行管 BU406	NPN	400	7	60
视放 BF458	NPN	250	0.1	10	行管 BU508A	NPN	1 500	7.5	75
彩行 BU208A	NPN	1 500	5	12.5	开关功放 BUT11A	NPN	1 000	5	100
彩行 BU208D	NPN	1 500	5	12.5	达林顿 MJ10012	NPN	400	10	175

附录4　长虹 H2158K 电视机主要集成块资料
LA76810

引脚	符号标注	功　能	对地电阻（黑笔测）/kΩ	静态电压/V	动态电压/V
1	AUDIO	音频输出	9.4	2.28	2.4
2	FM OUT	调频检波输出	∞	2.34	2.34
3	IF AGC	中放 AGC 滤波	26.6	1.55	2.61
4	RF AGC	高放 AGC 输出	15.4	3.74	3.74
5	IF IN	IF 中频信号输入	15.4	2.86	2.86
6	IF IN	IF 中频信号输入	15.4	2.86	2.86
7	IF GND	中放地	0	0	6
8	IF VCC	中放电源	0.6	4.97	4.97
9	FM FIL TER	调频检波直流环路滤波	∞	2.14	2.12
10	AFT OUT	AFC 控制电压输出	47.3	2.51	2.51
11	SDA	数据线	19.9	4.74	4.74
12	SCL	时钟线	22.6	4.74	4.74
13	ABL	自动亮度控制	93.9	4.06	4.06
14	R IN	OSD R 信号输入	∞	0.82	0.86
15	G IN	OSD G 信号输入	∞	0.85	0.86
16	B IN	OSD B 信号输入	∞	1.49	1.45
17	BLANK IN	消隐信号输入	3.2	2.12	2.12
18	RGB VCC	RGB 电源	0.5	8.07	8.18
19	R OUT	R 输出	132	1.46	1.46
20	G OUT	G 输出	134	1.38	1.38
21	B OUT	B 输出	131	2.88	2.33
22	ID	同步识别信号输出	76	0.11	0.23
23	VER OUT	场激励脉冲输出	2.3	2.25	2.25
24	VRAMP ALC	场锯齿波自动控制滤波	∞	2.73	2.73
25	H/BUS VCC	行/总线电源	9.5	5.03	5.04
26	AFC FIL TER	行 AFC 滤波	∞	2.56	2.53
27	HOR OUT	行激励脉冲输出	1.4	0.70	0.7
28	FBP IN	行逆程脉冲输入	24.6	1.12	1.12

续表

引脚	符号标注	功能	对地电阻（最高）/kΩ	静态电压 /V	动态电压 /V
54	SIF IN	伴音中频信号输入	∞	3.13	3.13
53	SND APC	伴音APC滤波	∞	2.2	2.2
52	SIF OUT	伴音信号输出	∞	2.03	1.95
51	EXT AUDIO	外部伴音信号输入	∞	0	2.18
50	PIF APC	PIF APC滤波	46	2.07	2.41
49	VCO	接VCO振荡线圈	1	4.24	4.25
48	VCO	接VCO振荡线圈	0.9	4.24	4.25
47	VCO FIL TER	IF PLL 环路滤波	∞	3.7	3.9
46	VIDEO OUT	视频输出	0.7	2.84	1.96
45	BLACK STRECH	回扫与黑电平校正滤波	86	3.14	3.12
44	INT V/C IN	内视频/色信号输入	∞	2.86	2.75
43	VCC(V/C/D)	视频/解调/行电源	0.4	4.93	4.93
42	EXT V IN/Y IN	外部视频/亮度信号输入	∞	2.56	2.5
41	GND(V/C/D)	视频/解调/行接地	0	0	0
40	SEL VIDEO OUT	视频信号输出及输出选择	∞	2.53	2.66
39	C AFC FIL TER	色VCO滤波	1.9	3.46	3.51
38	X TAL	4.43 MHz 晶振	∞	2.81	2.81
37	SECAM INTERFACE	SECAM解调输出/饱色信号输入	∞	1.12	2.31
36	C AFC FIL TER	色副载波恢复AFC滤波	9.9	3.77	3.76
35	SECAM IN	SECAM信号输入	∞	2.48	2.48
34	SECAM IN	SECAM信号输入	∞	2.48	2.45
33	1HDL GND	1行延迟线地	0	0	0
32	1HDL VCC OUT	1行延迟线电源输出	∞	8.35	8.35
31	1HDL OUT	1行延迟线电源	0.5	4.5	4.5
30	CLK OUT	4 MHz 时钟脉冲串输出	∞	0.93	0.92
29	REF	参考电压	4.7	0.02	1.62

CHT0410（CPU）

引脚	符 号	功 能	电压/V		对地电阻/kΩ	
			有信号	无信号	红笔接地	黑笔接地
1	BASS	低音控制（未用）	0.5	2.4	29.2	4.5
2	MUTE	静音控制输出端	0	1.4	8.6	4.5
3		未用	0	0	29.5	4.6
4	SECAM	接地（无 SECAM 制功能）	0	0	0	0
5		未用	0	0	29.0	4.4
6		未用	0	0	29.0	4.4
7	POWER	待机/开机控制输出端（H/L）	0	0	16.4	4.5
8	TUNE	调谐脉冲电压输出	4.2	4.2	22.2	4.2
9	GND	地	0	0	0	0
10	XTAL1	外接时钟振荡晶体	1.4	2.4	30.0	4.7
11	XTAL2	外接时钟振荡晶体	2.3	2.6	30.3	4.8
12	V_{DD}	+5 V 电源	5.0	5.0	8.4	3.1
13	KEY-IN1	键控指令输入端	0	0.4	9.5	4.1
14	AFT IN	AFT 电压输入	2.9	0	8.2	4.4
15	GND	接地	0	0	0	0
16	KEY-IN2	键控指令输入端	0	0.5	9.0	4.1
17	RESET	复位端	4.8	4.8	4.7	3.9
18	FILTER	时钟 PLL 环路低通滤波	3.2	3.2	26.0	4.3
19		CN-12 机芯未用	0.8	2.6	28.8	4.3
20	V-SYNC	场脉冲输入端	4.8	4.8	22.0	4.0
21	H-SYNC	行脉冲输入端	4.1	4.1	22.0	4.2
22	R	OSD-R 信号输入端	0	0	3.8	3.5
23	G	OSD-G 信号输入端	0	0	3.8	3.5
24	B	OSD-B 信号输入端	0	3.9	3.9	3.7
25	OSD-BLK	OSD 快速消隐脉冲输出端	0	3.9	6.3	4.2
26		CN-12 机芯未用	0	3.8	29.2	4.7
27		CN-12 机芯未用	0	0	29.3	4.8
28		CN-12 机芯未用	0	0	29.3	4.6

续表

引脚	符号	功能	电压/V 有信号	电压/V 无信号	对地电阻/kΩ 红笔接地	对地电阻/kΩ 黑笔接地
29	I^2C-DATA	I^2C 总线数据输入/输出端	4.7	4.7	15.5	4.3
30	I^2C-CLOCK	I^2C 总线时钟信号输出端	4.7	4.6	15.5	4.3
31	SAFTY	过流保护检测输入端	5.0	5.0	5.0	4.6
32	CS	总线 ON/OFF 控制端	5.0	5.0	15.5	4.2
33	ID	电台识别信号输入端	0.8	0.8	9.5	4.4
34	REM-IN	遥控指令输入端	4.8	3.1	29.2	4.5
35	SIF	伴音制式控制,M 制:高电平	3.7	3.7	12.0	4.3
36		CN-12 机芯未用	0	0	29.0	4.4
37	TV/AV1	TV/AV1 控制端	5.0	5.0	12.0	4.2
38	TV/AV2	TV/AV2 控制端	0	0	29.0	4.6
39		CN-12 机芯未用	0	0	29.0	4.4
40	UHF	U 波段控制输出,低电平有效	5.0	4.6	16.0	4.3
41	VH	H 波段控制输出,低电平有效	0	0	16.0	4.3
42	VL	L 波段控制输出,低电平有效	5.0	4.6	16.0	4.3

LA4267

引脚	功能	典型电压/V	引脚	功能	典型电压/V
1	第一功放同相输入端	0	6	第二功放反相输入端	1.2
2	第一功放反相输入端	0	7	第二功放输出端	9.3
3	静音控制端	9.7	8	地	0
4	地	0	9	电源	18
5	第二功放同相输入端	0.7	10	第一功放输出端	0

LA7840

引脚	功能	典型电压/V	引脚	功能	典型电压/V
1	地	0	5	反相输入端	2.2
2	场频锯齿波输出	12.2	6	场电源	25
3	场输出电源	24.3	7	泵电源输出	1.8
4	同相输入端	2.2	—	—	—

参考文献

［1］刘午平.长虹液晶彩电修理从入门到精通［M］.北京:国防工业出版社,2009.

［2］聂广林.电视机维修与实训［M］.北京:高等教育出版社,2008.

［3］聂广林.电视机原理与电路分析［M］.重庆:重庆大学出版社,2009.

［4］章燹.电视机原理与维修［M］.北京:高等教育出版社,2008.